GÉOGRAPHIE

BOTANIQUE ET ZOOLOGIQUE

LES GRANDES RÉGIONS

ZOOLOGIQUES ET BOTANIQUES DU GLOBE

ET LE DARWINISME

PAR

JEAN CHALON

NOMBREUSES ILLUSTRATIONS

MONS

HECTOR MANCEAUX, IMPRIMEUR-ÉDITEUR

1890

GÉOGRAPHIE

BOTANIQUE ET ZOOLOGIQUE

CAP FLIGELY, EXTRÉMITÉ SEPTENTRIONALE DE LA TERRE DE FRANÇOIS-JOSEPH.

GÉOGRAPHIE

BOTANIQUE ET ZOOLOGIQUE

LES GRANDES RÉGIONS
ZOOLOGIQUES ET BOTANIQUES DU GLOBE

LE DARWINISME

PAR

JEAN CHALON

NOMBREUSES ILLUSTRATIONS

MONS

HECTOR MANCEAUX, IMPRIMEUR-ÉDITEUR

—

1890

TIGRE D'APRÈS EAU FORTE.

GÉOGRAPHIE

BOTANIQUE ET ZOOLOGIQUE.

Les plantes ne poussent pas au hasard sur le globe : on ne trouve ni Palmiers dans nos campagnes, ni Sorbiers dans les régions tropicales ; le Tigre ne vit dans aucune partie des deux Amériques, ni le Lama dans le Thibet, ni les Termites chez nous.

En un même pays, les espèces des prairies ne sont pas celles des lieux boisés; des climats identiques nourrissent des flores souvent très différentes.

L'étude des lois suivant lesquelles se distribuent végétaux et animaux s'appelle *géographie botanique et zoologique*

FORÊT DE HÊTRES

LIMITE DES ESPÈCES. AIRES.

Le maximum hivernal de froid fixe la limite vers le nord, ou limite polaire, d'un nombre immense de plantes. Il n'est pas nécessaire que le thermomètre descende sous 0° ; beaucoup d'espèces tropicales périssent avant qu'il ne gèle.

Ensuite, chaque espèce ne végète qu'au dessus d'une certaine température, comprise entre 5° et 10° pour les plantes de l'Europe moyenne ; tout degré inférieur ne comptant pas, la plante exige une somme déterminée de chaleur utile, par exemple le Dattier 5100 au-dessus de 18°, et le Hêtre 2500 au-dessus de 5°. Le froid limite aussi les extensions des espèces animales : les grands Singes meurent phtisiques chez nous.

Les lignes *isothermes*, ou d'égale chaleur moyenne, ne comptent pas ici, parce que les températures les plus basses entrent dans leur formation, et aussi les saisons dans lesquelles les plantes sont en repos. Il faut envisager le climat pendant la période de végétation de l'espèce, entre les deux limites froides, et non entre deux jours fixes de l'année, encore moins pendant toute l'année.

LE RENNE.

SPÉCIMEN DE LA FLORE SYLVESTRE DE LA ZONE ARCTIQUE.

Les températures trop élevées sont nuisibles d'autre part, si elles durent longtemps ; la plante s'effile et ne donne plus que des feuilles, puis elle meurt ; la chaleur seule peut déterminer des limites équatoriales d'espèces. Mais une forte chaleur, non prolongée, semble indifférente, et les plantes polaires ne meurent pas si elles ont eu 40° pendant un jour.

Le Renne ne saurait vivre en Belgique à cause de l'excès de chaleur.

Le moment où surviennent chaleur et froid a grande importance : les fortes gelées de nos hivers ne nuisent pas à la Vigne défeuillée ; la plus petite gelée en mai la grille sérieusement.

La chaleur d'octobre, pourtant la même que celle d'avril, ne provoque ni germinations, ni feuillaisons, ni floraisons.

L'influence de l'humidité sur la distribution des espèces n'est pas moins remarquable ; les climats humides ne souffrent pas certaines plantes, le Sapin pectiné ne peut vivre dans le nord de l'Allemagne, à cause de l'excès d'humidité ; les régions très sèches, le Sahara par exemple, en excluent un nombre considérable. Certaines espèces ne peuvent vivre que dans les marais et les rivières ; d'autres, comme les Cactées, que dans les sols les plus secs.

MINUIT EN SEPTEMBRE AU PÔLE NORD.

La limite méridionale de l'Alchemille commune est fixée par le minimum de pluie nécessaire à cette espèce, 40 millimètres.

La lumière convient aux plantes des hautes montagnes, qui, en plaine, perdent leurs couleurs et languissent. Les unes, comme le Dattier, ne craignent pas les soleils les plus ardents ; d'autres, comme les Fougères, ne vivent que dans l'ombre épaisse des bois.

Les étés polaires, avec leurs si longues journées, ont une lumière différente des contrées méridionales, à jours et nuits toujours égaux ; la Belgique est plus brumeuse que l'Allemagne, et le raisin y mûrit moins bien ; la limite nord de la Vigne sans abri passe chez nous aux côteaux de Vivegnis (Liège); en Allemagne, on la trouve près de Berlin.

Cette brume, ces pluies, rendent nos hivers moins froids — ce qui importe peu à la Vigne — mais aussi nos étés moins chauds.

Le sol a la plus grande importance en géographie botanique; nous y reviendrons plus loin.

Puis, la lutte pour la vie : supposons qu'une espèce existe dans un terrain, ou sous un climat non point absolument mortel, mais seulement défavorable; d'autres plantes, trouvant les conditions de leur goût, lui feront si rude concurrence qu'elles la délogeront bientôt.

LES HAUTES ALPES ET LES NEIGES ÉTERNELLES.

Les espèces sont contenues à la surface de la terre entre certaines limites géographiques, soit par des obstacles matériels, Océans, chaînes de montagnes ; soit par des climats défavorables. On appelle *aire* la région du globe occupée par l'espèce.

Les limites polaires ou équatoriales des aires, quoique généralement dirigées de l'est à l'ouest, ne coïncident ni avec les cercles parallèles, ni avec les lignes isothermes, ni avec les lignes d'égal été. De plus, elles se coupent fréquemment entre elles.

Ici, les espèces sont arrêtées par le froid excessif des hivers, ou par la durée de la neige ; là, par l'insuffisance de la somme de chaleur utile, par trop d'humidité, de l'air ou du sol, au printemps ; par l'excessive sécheresse de l'été, par des causes non connues. L'influence de la chaleur est prépondérante entre toutes ; l'humidité vient en second lieu.

Vers l'est, les plantes d'Europe sont arrêtées par la sécheresse, et par le climat excessif, très froid l'hiver, très chaud l'été ; vers l'ouest, par l'excès de l'humidité.

Il est donc impossible de tracer des lignes d'égale végétation, comme on trace par exemple les lignes isothermes.

LES NEIGES ÉTERNELLES DES MONTAGNES POLAIRES.

Enfin les alliances des parasites, ou de simples protections matérielles, fixent des limites d'espèces : le Ver-à-soie ne peut quitter le Mûrier, la Cochenille suit le Nopal ; citons les Cuscutes et tous les parasites végétaux, les Vers intestinaux, certains animaux, des Insectes notamment, limités par l'extension des plantes correspondantes. Le Houblon ne peut exister sans les broussailles où il grimpe. On pourrait citer ici des centaines de ces remarquables alliances.

La culture recule singulièrement les limites polaires ; l'Homme fait venir chaque année du sud des graines bien mûres, il donne aux semis des soins intelligents, aux plantes, des abris l'hiver et des emplacements de choix. Comme fourrage, la plante va plus loin que si l'on exige les graines ; par exemple le Maïs. Il faut aussi tenir compte des conditions économiques, douanes, facilité des transports, profit attendu. Rarement l'Homme se préoccupe d'étendre une culture vers le midi, la région de l'abondance ; ou vers le sommet des montagnes, car les produits meilleurs de la plaine arrivent en haut facilement.

Une montagne représente une série de degrés de latitude condensés, avec diminution d'un degré centigrade pour 180 mètres en verticale. Sur un même méridien, en plaine, la même diminution de chaleur

ARBRES A FEUILLES CADUQUES SOUS LA NEIGE.

exige 220 kilomètres. Des causes assez complexes limitent les espèces en altitude : l'exposition nord ou sud, la nature du sol s'échauffant plus ou moins, la direction du vent dominant, le voisinage des neiges et des glaciers, les eaux froides qui s'en écoulent, les nuages et les pluies, plus considérables qu'en plaine, l'action de l'Homme et des animaux, la facile descente des graines, une foule de conditions étroitement locales et difficiles à démêler au premier coup d'œil. L'humidité et la température sont les plus importantes de ces conditions ; la densité de l'air n'a pas d'influence.

L'ordre de disparition des espèces vers le Nord n'est pas exactement le même qu'en altitude, mais l'ensemble du phénomène offre une similitude parfaite. On trouve en gravissant une haute montagne les mêmes régions botaniques qu'en voyageant du sud au nord.

Prenons par exemple l'Etna ; voici, de bas en haut la série des végétaux qu'il nourrit :

Végétation méditerranéenne (voyez plus loin).
Forêts de Châtaigniers.
Hêtres et Chênes.
Pins sylvestres, Bouleaux.
Derniers arbres rabougris.
Genévriers et plantes alpines.

Au dessu₁ de 2400 mètres, région des neiges avec Tanaisie, deux autres Synanthérées et Astragale de .l'Etna.

A 2900 mètres, neiges éternelles; Mousses et Lichens

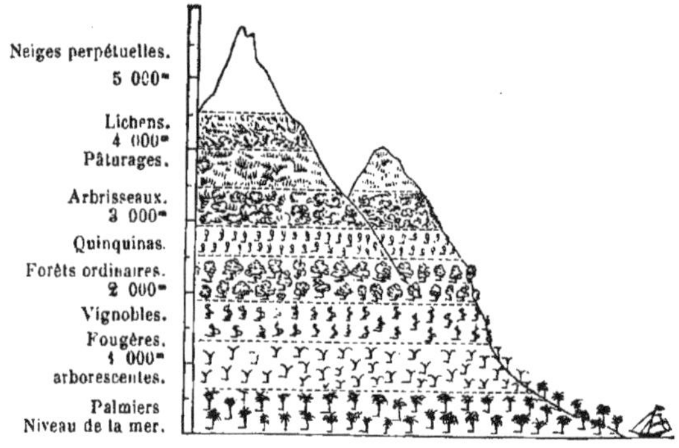

DISTRIBUTION VERTICALE DES PLANTES SOUS L'ÉQUATEUR.

CRATÈRE PRINCIPAL DE L'ETNA.

FORMES ET DIMENSIONS DES AIRES.
AIRES DISJOINTES.

La forme générale des aires est irrégulièrement circulaire, un peu allongée dans le sens est-ouest. Environ une sur cent dans les régions tempérées se montre quatre fois plus longue que large ; dans les régions tropicales, l'allongement se fait surtout dans la direction nord-sud.

Plusieurs régions où la plupart des aires s'allongent toutes dans le même sens peuvent être notées à la surface du globe : autour du pôle nord, à cause d'une connexité ancienne des terres, prouvée par les phénomènes glaciaires et par les fossiles ; dans le bassin de la Méditerranée, prolongé de la Perse aux îles Canaries ; du Texas à Montevideo, etc....

L'aire moyenne des espèces est d'autant plus petite que le groupe naturel dont elles font partie a une organisation plus élevée.

Les Monocotylées ont des aires plus vastes que les Dicotylées.

Les Composées, si parfaites, n'ont pas en moyenne d'aires très vastes.

PAYSAGE POLAIRE SANS ARBRES.

Les espèces aquatiques et demi-aquatiques, d'eau douce ou salée, ont une aire notablement supérieure à la moyenne. Parmi les aquatiques, les Cryptogames, en raison de leur organisation inférieure et très antique, et de leurs spores si fines et si nombreuses, ont l'aire la plus vaste.

Après les espèces aquatiques, viennent celles des terrains cultivés : aires très vastes à cause des semis et transports par l'action de l'Homme.

Le Mouron des Oiseaux, les deux Orties, le Plantain accompagnent l'Homme à peu près sur tout le globe.

L'aire est d'autant plus vaste que la taille moyenne est plus petite, et que la durée est moindre : les arbres ont une aire moindre que les espèces annuelles.

L'influence des fruits charnus, de la résistance que les graines opposent à la destruction, de la grosseur de ces graines, des ailes et des aigrettes, n'est pas bien démontrée ; ailes et aigrettes servent surtout à rendre l'espèce plus commune dans les limites de l'aire.

Pour la délimitation et l'extension des aires, les causes antérieures de dispersion l'emportent de beaucoup sur les causes actuelles.

Plus on avance du pôle nord vers l'extrémité australe des continents, plus l'aire moyenne des espèces diminue.

STEPPES DE LA RUSSIE MÉRIDIONALE.

On peut supposer que la vie existe sur les terres boréales depuis un temps plus long, et que sur les terres australes, relativement jeunes, les espèces ont eu moins de temps pour se répandre.

Si les espèces d'une famille sont nombreuses dans une région, leur aire moyenne est restreinte, en raison de la vive concurrence vitale.

Les plantes des sables arides ont une aire très vaste par défaut de concurrence.

De Candolle cite 117 Phanérogames occupant au moins le tiers de la surface du globe.

Dans cette liste ne figure aucun arbre ; 25 ou 30 espèces des terrains cultivés doivent aux transports leur aire immense ; et avec les espèces aquatiques, elles composent plus de la moitié du total.

Supposons qu'on arrive un jour à 200 ; on aura seulement un millième des espèces connues. Dix-huit seulement, en grande majorité annuelles et des champs cultivés, habitent la moitié de la surface du globe ; ce sont :

Bourse-à-pasteur.	Vergerette du Canada.
Cardamine hérissée.	Éclipta dressée.
Mouron des Oiseaux.	Laiteron des cultures.
Pourpier sauvage.	Samole de Valerandus
Morelle noire.	Ortie dioïque

FLORE INDIENNE.

Brunelle commune.	Potamot nageant.
Ansérine des murs.	Jonc des Crapauds.
Ansérine blanche.	Chiendent.
Ortie brûlante.	Paturin annuel.

Aucune Phanérogame n'occupe la totalité de la Terre, et ne pourra probablement jamais se naturaliser de l'un à l'autre pôle. L'espèce qui a le plus de chances de prendre la tête de la liste, c'est le Laiteron des cultures. Les êtres qui occupent à peu près toute la Terre sont l'Homme, le Chien et le Rat.

Les aires fort restreintes, moindres que $^1/_{100,000}$ du Globe, sont plus nombreuses que les aires très vastes ; dans l'état actuel de la science, on ne les connaît pas toutes, car elles échappent facilement aux explorations.

Elles se trouvent souvent dans les petites îles situées à de grandes distances des continents, Sainte-Hélène, Kerguelen, Tristan d'Acunha, Juan Fernandez, Madère, les Galapagos, les Canaries ; Sainte-Hélène possède onze espèces appartenant à des genres qui lui sont propres.

D'autres aires restreintes existent au cœur des continents ; De Candolle en cite neuf, bien reconnues, pour l'Europe qui est aujourd'hui parfaitement explorée ; notamment la superbe *Campanule à feuilles égales* sur un seul promontoire près de Gênes.

VÉGÉTATION DES ENVIRONS DE CUBA.

Ces espèces rarissimes sont en grand danger de disparaître du globe ; il ne faudrait qu'un botaniste imprudent, un marchand d'herbiers.

L'aire des genres est naturellement plus vaste que celle des espèces ; irrégulière, souvent limitée comme les continents, souvent disjointe par les zones tropicales ou par les océans ; mais enfin les espèces d'un genre tiennent ensemble géographiquement.

Les uns (Renoncule, Céraiste, Carex, Jonc) couvrent tout le globe ; d'autres ne possèdent qu'une seule espèce contenue dans une très petite île.

Les genres les plus nombreux en espèces possèdent l'aire la plus vaste ; et aussi, d'autre part, les genres inférieurs dans la classification. Ils se comportent donc comme des espèces.

Beaucoup de familles enfin rassemblent leurs genres en des régions déterminées du globe : les Cactées appartiennent à l'Amérique, les Aurantiacées à l'Asie méridionale, les Stylidiées et les Épacridées à la Nouvelle-Hollande.

Les familles occupent ordinairement sur le globe des espaces immenses ; non compris les Cryptogames tels que Mousses, Champignons, Lichens, nous donnons, page 29, les familles phanérogames qui vont d'un pôle à l'autre presque sans lacunes :

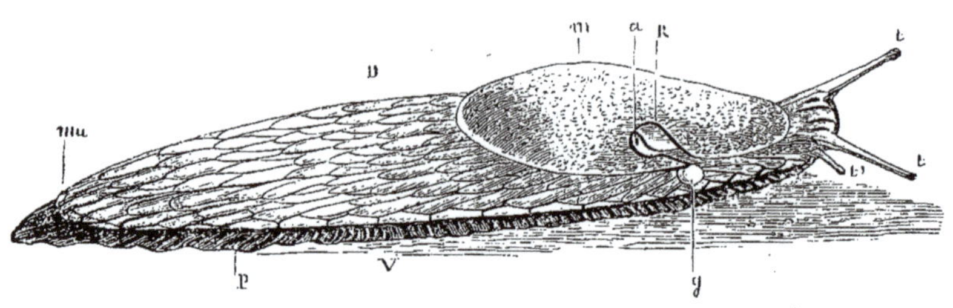

ARION EMPIRICORUM (d'après nature).

tt.	Tentacules oculifères.	*g.*	Orifice génital.
t'.	Tentacule de la deuxième paire.	D.	Face dorsale.
m.	Manteau.	V.	Face ventrale.
R.	Orifice respiratoire.	P.	Bord du pied.
a.	Orifice anal.	*mu.*	Orifice de la glande à mucus.

CIGOGNE.

Crucifères.   Composées.
Caryophyllées.   Scrophularinées.
Légumineuses.   Joncées.
Cypéracées.   Graminées

Beaucoup d'autres occupent les $7/8$ ou les $5/10$ du globe. Si l'on représente l'aire moyenne des espèces par $1/150$, celle des genres sera $1/20$ et celle des familles $1/2$.

Les aires des espèces animales sont en moyenne plus étendues que celles des plantes ; ont les aires les moins vastes, les espèces fixées au sol, ou peu ambulantes, les Crustacés, les Mollusques, les Reptiles.

De même que pour les plantes, les espèces aquatiques ont l'aire la plus vaste: Poissons, Cétacés, et aussi les animaux inférieurs dont les courants emportent les œufs.

Ensuite les Oiseaux, grâce à la facilité des migrations.

———

On dit que l'aire est disjointe, si l'espèce occupe deux points du globe séparés par un grand pays où elle n'existe pas, ou par des mers qu'elle ne saurait franchir, et si en même temps, toute hypothèse de moderne naturalisation doit être écartée.

Par exemple nos deux Chênes d'Europe, le Noisetier, le Châtaignier, le Hêtre, se retrouvent dans la Grande-Bretagne et dans les îles de la Méditerranée.

Les espèces aquatiques ont d'immenses aires disjointes. De Candolle en étudie un très grand nombre, et cependant, ajoute cet auteur, ce sont des plantes que le vent,

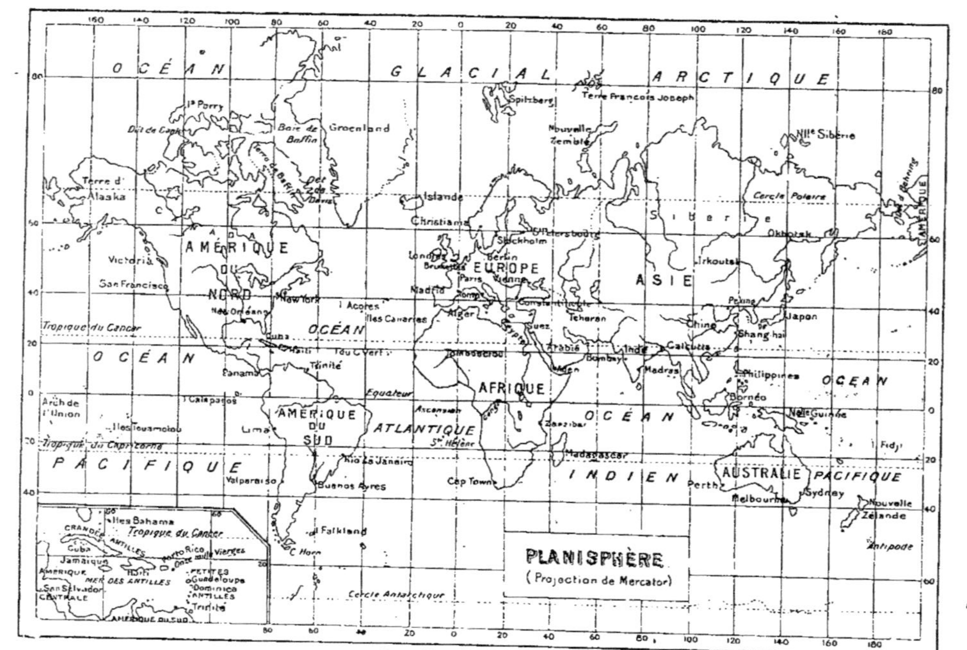

Mous - Hector Manceaux. - Propriété

J. Bartholomew, Edin

PLANISPHÈRE.

les courants marins et la plupart des animaux ne peuvent transporter, que l'Homme se soucie peu de naturaliser et qui ne sont presque jamais mélangées avec les graines de nos jardins et cultures, ni avec aucune marchandise. Plusieurs mûrissent leurs fruits au fond de l'eau ; d'autres en donnent rarement ; le cours des rivières ne peut pas les transporter d'un bassin à l'autre, et il tend vers la mer, où ces plantes périssent. Donc aucune chance actuelle de transport.

Prenons pour exemple la Lentille d'eau ; voici quelques points où elle a été récoltée : toute l'Europe, excepté la Laponie ; Sibérie altaïque, Caucase, Algérie, Abyssinie, Madère, Açores, Canada, Nouvelle-Angleterre, Caroline du Sud, Nouvelle-Grenade, Chili, Nouvelle-Galles du Sud, Van Diémen, Nouvelle-Zélande.

Les aires disjointes sur les montagnes et dans les plaines situées plus loin au nord, sont fréquentes et souvent citées ; en Laponie et sur les Alpes, 108 Phanérogames se retrouvent identiques, parmi lesquelles 29 manquent aux montagnes intermédiaires qui leur fourniraient cependant des stations convenables. Or, il n'y a pas d'exemple de naturalisation actuelle dans les régions polaire et alpine.

Les espèces à aires très petites ne montrent que fort rarement un second centre d'habitation, une aire disjointe.

CATARACTES DU ZAMBÈRE.

RÉPARTITION DES INDIVIDUS
DANS L'AIRE DE L'ESPÈCE. STATIONS.

Toute la surface de l'aire ne convient pas à l'espèce ; certaines localités, certaines conditions particulières sont indispensables et constituent la *station*.

Voici l'énumération des principales stations :

Rochers.	Sable non salé.
Rocailles et graviers.	Dunes.
Broussailles, haies.	Polders argileux.
Forêts.	Champs cultivés.
Prairies.	Tourbières.
Eaux courantes.	Marais, étangs.
Ruines, décombres.	Bord des chemins.
Terrains salés.	Plantes nourricières des
Marais salés.	parasites.
Eau de la mer.	Moissons.

La nature minéralogique du sol a certainement une influence, question de consistance et d'humidité réservée. Certains botanistes ont trop exagéré cette influence ; d'autres l'ont niée.

LA FORÊT.

Les terrains salés ont une flore spéciale, même au centre des continents ; chez nous, on rencontre toujours le Buis, le Rumex en écusson, la Lunaire vivace, sur les rochers calcaires — ou dolomitiques ; le Rumex petite Oseille, la Digitale, la Fougère Aigle-impériale dans les terrains siliceux ou schisteux ; le Tussilage dans l'argile.

L'Aubépine prospère dans la craie, mais non le Poirier, à moins qu'on ne le greffe sur Aubépine.

La Violette calaminaire habite les terrains renfermant du minerai de zinc. Les plantes des tourbières constituent une flore spéciale ; celle des sables ne viennent guère ailleurs.

Cependant les espèces calcaires dans un pays pourront fort bien affectionner dans un autre le grès ou le schiste, selon la chaleur et l'humidité.

Après un certain temps, les espèces se remplacent naturellement en une station donnée ; assolement dans lequel l'Homme n'intervient pas. Telle forêt de Chènes était il y a trois siècles forêt de Hêtres, et plus ancien-nement forêt de Pins. L'examen microscopique des palissades calcinées du camp préhistorique d'Hastedon m'a montré du bois de Pin ; or les forêts actuelles de la province sont de Chènes ; les Pins et les Sapins n'y figurent que plantés ou semés par l'Homme.

PÊCHE DE LA BALEINE DANS LA MER BLANCHE.

La fréquence d'une espèce dans son aire ne peut être calculée exactement ; beaucoup de Flores donnent les appréciations suivantes :

C C	Très commune.
C	Commune.
A C	Assez commune.
A R	Assez rare.
R	Rare.
R R	Très rare.

On nomme plantes sociales celles qui vivent nombreuses les unes près des autres, en un même lieu, par exemple chez nous la Mercuriale vivace, le Faux-Nénuphar, les Carex, les Renoncules aquatiques. Les régions équatoriales, où des espèces nombreuses se disputent une même station, ont peu de plantes sociales. Des familles peuvent être regardées comme sociales, quand toutes leurs espèces doivent vivre dans les mêmes conditions : Cypéracées, Conifères, Amentacées, Salsolacées.

Une espèce se montre abondante sur une vaste étendue géographique, quand elle est pourvue de moyens de reproduction puissants, que sa station occupe des régions considérables, et qu'elle a peu de concurrentes. Citons les espèces des immenses plaines des deux Amériques.

Les espèces voisines de leur limite géographique ne sont jamais communes.

VÉGÉTATION DU MEXIQUE.

NATURALISATIONS. CAUSES DES TRANSPORTS.
RETRAITS & EXTINCTIONS D'ESPÈCES.

On appelle naturalisation l'introduction d'une plante en un lieu où elle ne croissait pas auparavant. Les cultures représentent la forme la plus élémentaire de ce phénomène.

Le degré suivant consiste en une naturalisation passagère ou adventive. Seule, la plante nouvelle ne se maintiendrait pas longtemps ; il faut des introductions successives de graines, et l'on peut facilement connaitre que l'espèce n'est pas indigène : en Belgique les Lampourdes. Ajoutons ici les espèces qui se maintiennent par les racines seulement, sans se reproduire par graines : Robinier, Ailante.

Viennent maintenant les plantes franchement naturalisées, ne se distinguant en rien des indigènes, se reproduisant bien et se maintenant seules, mais amenées dans le pays depuis les temps historiques : Armoise, Absinthe.

GLACIERS PLONGEANT DANS LA MER DE GLACE.

MONTAGNES DE GLACE FLOTTANTES.

Puis les espèces naturalisées depuis si longtemps qu'elles échappent aux recherches. Des naturalisations très anciennes et nombreuses ont dû composer la plupart des flores ; entre ce groupe et le précédent, il n'y a qu'une question de date.

Enfin les espèces vraiment indigènes, formées sur le terrain même par la concurrence vitale et la sélection. Les deux dernières catégories ne se distinguent que théoriquement l'une de l'autre.

Les principales causes de transports sont le vent, les courants fluviaux ou marins, les glaces flottantes, les animaux, l'Homme.

Beaucoup de graines et de fruits à une graine sont munis d'ailes ou d'aigrettes qui les font voler dans l'air : Saules et Peupliers, Orme, Composées, Asclépiadées. Il n'est pas démontré que des graines de Phanérogames puissent ainsi franchir l'Atlantique ou la Méditerranée ; ou moins encore, un bras de mer comme la Manche, une chaine de montagnes comme les Alpes ou les Pyrénées.

On a certainement exagéré la valeur des aigrettes. Mais les spores des Cryptogames, poussières invisibles, insaisissables, pénètrent absolument partout et vont d'un pôle à l'autre, portées par l'air.

NAVIRES DE TRANSPORT.

Les transports par les glaciers ont dû avoir une importance considérable à l'époque où ceux-ci recouvraient presque toute l'Europe.

Dans la glace, les graines se conservent très bien, et longtemps vitales. Les glaces flottantes ont apporté quantité de graines aux Açores pendant la période quaternaire.

Des graines et des fruits tombent dans la rivière et vont loin avec le courant. D'après Darwin, les graines de 64 espèces sur 87 germent après 28 jours d'immersion dans la mer, ce qui permet des parcours de 1600 kilomètres.

Je ne connais pas d'expérience analogue pour l'eau douce.

L'effet est le meilleur quand la graine peut voyager d'étape en étape sans très long séjour dans l'eau. Toutefois, déposée sur le rivage, elle n'est pas sauvée : il faut maintenant qu'elle arrive à un terrain favorable, et le fait doit se présenter rarement. On ne connaît aucune naturalisation par ce transport, ni en Angleterre, ni en Sicile.

Les plantes aquatiques d'eau douce se naturalisent aisément, mais quand l'Homme les transporte ; différemment, elles semblent avoir atteint depuis longtemps leur équilibre.

TÊTE ET PATTE D'AIGLE.

Les fruits s'accrochent aux toisons des animaux voyageurs, ou aux vêtements de l'Homme, et ils accomplissent ainsi de longues migrations : akènes des Benoites et des Ombellifères, involucres des Lampourdes, capitules des Bardanes, gousses des Luzernes et des Sainfoins.

Les Luzernes et les Lampourdes exotiques croissent en Belgique aux environs des lavoirs de laines australiennes ou américaines.

Les graines visqueuses peuvent être portées au loin : celles du Gui se collent au bec et aux pattes de la Grive Draine qui en est friande.

Les Oiseaux aquatiques transportent la boue des étangs ; or, trois cuillerées d'une telle boue, convenablement cultivée, ont laissé germer 537 plantes. Toutefois, on ne peut citer aucun fait précis.

D'autres fois encore, les germes végétaux séjournent dans l'estomac des animaux et sont déposés plus loin avec les excréments.

Les graines d'Aubépine, de Rosier, ne perdent pas leur faculté germinative dans le gésier, pourtant rude, des Gallinacés, ni l'Avoine dans l'intestin du Cheval.

Les Poissons avalent des graines de plantes aquatiques ; si les Hérons et autres Oiseaux de proie gobent les Poissons, ils peuvent aller rejeter beaucoup plus loin une boulette renfermant écailles, arètes et graines encore viables.

Le jabot des Oiseaux ne digère pas ; c'est un simple réservoir. L'Oiseau peut rester gavé 12 heures et plus, et alors parcourir 800 kilomètres. Après les longues traversées, ils sont fatigués, essoufflés ; les Rapaces les happent...

L'action volontaire ou involontaire de l'Homme est la cause la plus importante, peut-être en réalité la cause unique des transports depuis les temps historiques. En semant le Froment, le Lin, la Luzerne, de provenance lointaine, on sème aussi les graines de plantes exotiques que nous voyons apparaître dans nos champs : Centaurée solstitiale, Cuscute et Ivraie du Lin, Luzerne apiculée.

LE HÉRON.

Il faut peut-être regarder le Bluet, le Coquelicot, la Nielle, comme entretenus par l'Homme.

Beaucoup de navires de l'étranger viennent sur lest charger des marchandises dans nos ports ; ce lest, composé souvent de terre et cailloux, est abandonné sur le rivage, et les graines qu'il renferme peuvent germer. Dans les jardins botaniques et dans les jardins ordinaires sont cultivées quantité de plantes étrangères ; et l'une ou l'autre peut trouver le climat favorable, se perpétuer sans soins et se répandre.

Les échanges se font surtout entre régions tempérées, parce que le commerce et l'agriculture y sont plus actifs.

Les naturalisations par l'action de l'Homme sont immenses.

La Pomme de terre, qui est originaire des Andes de Quito, après avoir donné d'innombrables et excellentes variétés, est aujourd'hui cultivée par millions d'hectares dans les régions tempérées du monde entier ; le Robinier (d'Amérique) est un des arbres les plus communs de toutes les régions tempérées et subtropicales ; l'Eucalyptus (d'Australie) tient une large place dans le bassin de la Méditerranée, avec l'Agavé et le Nopal, américains. On pourrait citer ici des centaines d'exemples, parce qu'il n'est pas une seule plante cultivée dont on n'ait étendu l'aire primitive.

CHARLEMAGNE

Supposons la graine transportée : que de difficultés à vaincre avant qu'elle ne s'établisse ! Peut-être le sol ne lui conviendra pas, trop sec, trop humide, ou salé ; peut-être le climat sera absolument défavorable.

Des milliers d'Insectes et d'Oiseaux s'apprêtent à la dévorer.

Sur un terrain déjà occupé par une quantité d'autres espèces, bien enracinées et robustes, produisant chaque année des milliers de graines, la nouvelle venue devra engager la lutte ; ceci est la condition la plus redoutable des naturalisations.

La terre d'un pays est un réservoir de graines au profit des espèces indigènes.

On reconnaît une naturalisation à des signes historiques, linguistiques et botaniques.

INDICES HISTORIQUES. — On sait par exemple que les Arabes ont semé des Dattiers en Sicile et en Espagne. Dans ses *Capitulaires*, Charlemagne ordonne la culture d'un certain nombre d'espèces ; quelques-unes se sont naturalisées autour des vieux châteaux.

L'étude des anciennes flores est ici un renseignement précieux.

Un très grand nombre de plantes portent en Espagne des noms arabes, parce que les Arabes les y ont introduites — ou s'en sont occupés les premiers pour la médecine

LE PORT DE LONDRES.

INDICES LINGUISTIQUES. — Si le Maïs, le Seigle, le Myrte commun n'ont pas de nom sanscrit dans l'Inde, où on les trouve aujourd'hui, c'est que ces plantes y ont été introduites avec un autre nom ; si le Seigle s'appelle *Rog* en allemand et *rye* en anglais, nous savons au moins que sa culture en Allemagne et en Angleterre est fort ancienne.

Il faut donc donner attention aux noms vulgaires et populaires des espèces.

INDICES BOTANIQUES. — Si une plante est suspecte de naturalisation, il faudra voir d'abord si elle croît près d'un centre d'activité humaine : port, gare de chemin de fer, culture, et si elle est annuelle et à petites graines.

Il faudra se méfier de celles qui sont en train d'étendre leur cercle d'habitation, et de celles qui occupent sur un autre continent une aire très vaste. Il n'est pas naturel de trouver une petite colonie d'une espèce très loin de l'aire principale.

Le Genêt des teinturiers, si commun chez nous, ne se trouve en Amérique que sur deux points du Massachusetts ; et le grand Plantain n'a qu'une seule station à la Nouvelle-Zélande ; donc nous les déclarerons naturalisés l'un et l'autre.

Très rarement aussi une espèce se présente, sans naturalisation, séparée de toutes les autres du même genre, ou un genre de tous les autres de la famille.

MONTAGNES AU MEXIQUE.

L'Onagre bisannuelle *doit* appartenir à l'Amérique ; le Genêt des teinturiers, l'Inule Aunée et la Chicorée sauvage qu'on récolte en Amérique, *doivent* appartenir à l'Europe, parce que toutes les autres Onagres sont américaines, tous les autres Genêts, Inules et Chicorées, européens.

Les espèces qui n'occupent sur leur continent d'origine qu'une aire très limitée ne se naturalisent pas, et on les maintient avec peine dans les jardins botaniques.

En Belgique se sont naturalisées franchement la Vergerette et l'Élodée du Canada ; moins abondants l'Onagre, le Bunias d'Orient, la Valériane rouge, la Sténactide, le Mélilot blanc, le Fenouil. La Pomme-épineuse (bassin de la mer Caspienne) a été répandue en Europe par des charlatans ; elle est devenue si abondante en certains points de la Hongrie, qu'elle constitue un vrai fléau.

De Candolle cite et étudie 83 espèces bien naturalisées en Angleterre, dont 10 américaines et 23 ne se trouvant pas dans les parties voisines du continent européen ; toutes, sauf une douteuse, ont été amenées par l'Homme, et 74 depuis la découverte de l'Amérique.

Le même auteur donne de nombreuses naturalisations bien constatées dans toutes les parties du globe ; il en discute minutieusement les dates et les causes.

VOYAGE AVEC TRAÎNAUX DANS LA NOUVELLE-ZEMBLE.

L'ancien monde et le nouveau ont déjà échangé des centaines de naturalisations, désormais indestructibles.

Les parasites de l'Homme, Vers et Insectes, l'accompagnent naturellement partout.

Le Phylloxéra a été apporté d'Amérique avec une Vigne.

La Blatte orientale a suivi les armées des croisés.

Les naturalisations zoologiques par l'Homme.

Le Cheval a été transporté en Amérique par les Espagnols, et il y est redevenu sauvage ; le Bœuf, le Chien, la plupart des animaux domestiques, suivent l'Homme à peu près sur tout le globe ; le Rat, qui semble originaire d'Amérique, a envahi la Terre entière, jusqu'aux îles de l'Océanie. Les Lapins se sont multipliés en Australie d'une façon inquiétante.

Le Moineau n'a été introduit en Amérique qu'après 1850 ; il est devenu aujourd'hui un véritable fléau pour les moissons.

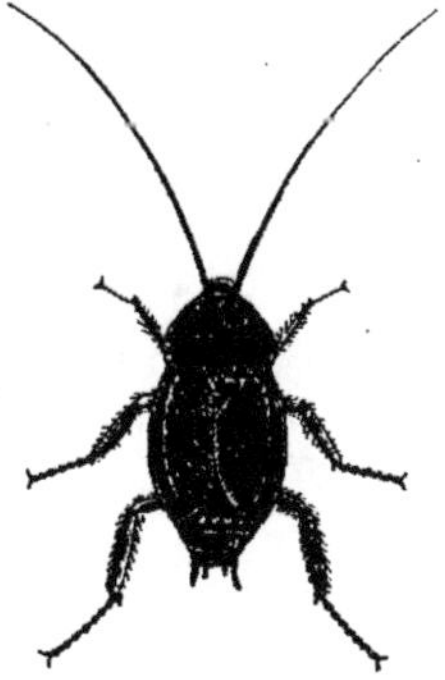

LA BLATTE.

FJORD DE FRANÇOIS-JOSEPH, PAYS SANS ARBRES VIVANTS.

Le Moineau s'est aussi parfaitement naturalisé en Australie.

Le contraire d'une naturalisation, c'est un retrait d'espèce ou une extinction. De tels phénomènes doivent se produire par le dessèchement des marais et les défrichements ; cette dernière cause a dû modifier beaucoup la flore de la Grèce et des Baléares.

L'avidité des botanistes récoltant des espèces rares est aussi à craindre ; les professeurs et maîtres d'école ne doivent jamais révéler les stations d'espèces rares à leurs élèves ..... qui ne connaissent pas les plantes les plus communes.

Dans certaines tourbières du nord, on a trouvé des troncs de Pin, de Noisetier, de Bouleau, et depuis longtemps ces pays ne possèdent plus un seul arbre.

L'action des animaux peut exclure ou répandre certaines espèces ; il n'y a guère que la Grive Draine pour semer le Gui, et la multiplication du Phylloxéra aurait pour effet 1° la disparition de la Vigne ; 2° le suicide du Phylloxéra lui-même.

Sur 157 espèces cultivées, 32 n'ont pas été retrouvées à l'état sauvage. Se sont-elles éteintes ? Alors on pourrait supposer que 1000 ou 2000 Phanérogames ont disparu depuis l'époque historique. On ne connait ni le Chien, ni le Cheval, ni la Poule sauvages.

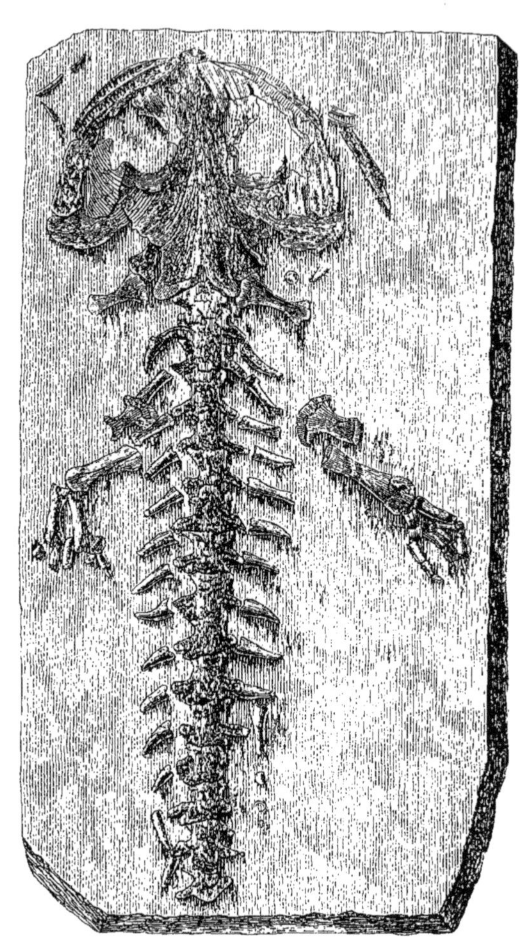

SALAMANDRE FOSSILE.

Le nombre des espèces animales disparues depuis l'apparition de l'Homme dépasse certainement 120, rien que pour les Oiseaux et les Mammifères. Citons rapidement :

Ours des cavernes et deux autres espèces.

Plusieurs Tapirs, Rhinocéros, Hippopotames.

Cinq ou six espèces de Chevaux.

Sept espèces de Cerfs, notamment le Cerf gigantesque d'Islande.

Cinq Bisons et dix autres grands Ruminants.

Onze Proboscidiens, Éléphants et Mastodontes.

Vingt Édentés ; seize Marsupiaux.

Quinze Oiseaux géants de l'ordre des Coureurs, appartenant aux genres Dinornis, Épiornis...

Extinctions très récentes, ou imminentes :

Manchot boréal, Bison américain, Baleine franche, Rhytina de Steller (grand Cétacé herbivore), Bison d'Europe, Castor, Dronte ou Dodo.

Retraits d'espèces animales :

Le Castor était vers la fin du XVIe siècle commun en Belgique et dans toute l'Europe. Vivaient dans nos contrées à l'époque quaternaire, le Renne, aujourd'hui cantonné dans l'extrême nord de l'Europe ; l'Ours féroce, actuellement en Amérique ; l'Hyène des cavernes, identique à l'espèce qui habite aujourd'hui le Sud

TROUPEAU DE BISONS.

de l'Afrique ; et le Lion des cavernes, qui vit peut-être encore dans le nord de la Chine. Le Rat noir s'est retiré partout devant l'invasion du Surmulot ; le Loup se retire en Europe et le Lion en Algérie, devant l'Homme.

LION

TERRE DE L'EMPEREUR GUILLAUME, AU NORD-EST DU GROENLAND, AUJOURD'HUI RÉDUITE A LA FLORE LA PLUS PAUVRE.

GÉOGRAPHIE

BOTANIQUE ET ZOOLOGIQUE

EXPLIQUÉE PAR

LE DARWINISME

La plupart des faits de la géographie botanique et zoologique s'expliquent par le Darwinisme et non dans une autre hypothèse.

Les climats autour du pôle boréal ont été jadis assez doux pour permettre aux plantes de se répandre à l'intérieur du cercle polaire, autour du pôle; de là elles sont descendues, se modifiant, les unes en Europe, les autres en Asie, d'autres encore en Amérique. C'est pourquoi il y a parenté entre les populations des continents du nord, et un petit nombre d'espèces communes.

Cette parenté est fort éloignée si l'on compare l'ancien et le nouveau Monde, parce que la séparation par les glaces polaires s'est effectuée depuis très longtemps.

Sans aucun doute, la Grande-Bretagne a été autrefois rattachée au continent; toutes ses espèces se retrouvent dans l'Europe continentale, mais la réciproque n'est pas vraie.

5

ILE DE BORNÉO.

On peut supposer pour expliquer les aires disjointes des stations intermédiaires aujourd'hui disparues, brisant l'aire primitive très vaste ; ou des transports par immenses glaciers ou grandes inondations fluviales. Des régions maintenant infranchissables peuvent avoir été autrefois une grande route de communication.

Dans les iles océaniques, les Amphibiens et les Mam.-mifères terrestres manquent absolument ; les centres de création de ces formes appartiennent aux continents? D'un autre côté, si des espèces n'existant nulle autre part se trouvent dans les iles, même proches des continents (Madère, Canaries, Galapagos), c'est qu'elles s'y sont formées et n'en ont pu sortir. Il faut donc admettre des centres nombreux de formation

D'ailleurs, il est impossible de supposer un seul centre de création ; aucune région de la terre ne saurait nourrir seulement $1/10$ des espèces connues. Les centres ont dû être multiples, puisque les aires sont restreintes ; mais on ne les connait pas avec certitude. Et puis, d'un centre unique, comment les espèces se seraient-elles partout répandues ?

Plus absurde encore est l'hypothèse de la création simultanée de couples uniques : que d'espèces végétales sacrifiées alors pour nourrir le premier Bœuf, que d'espèces animales disparues sous la dent du premier Lion !

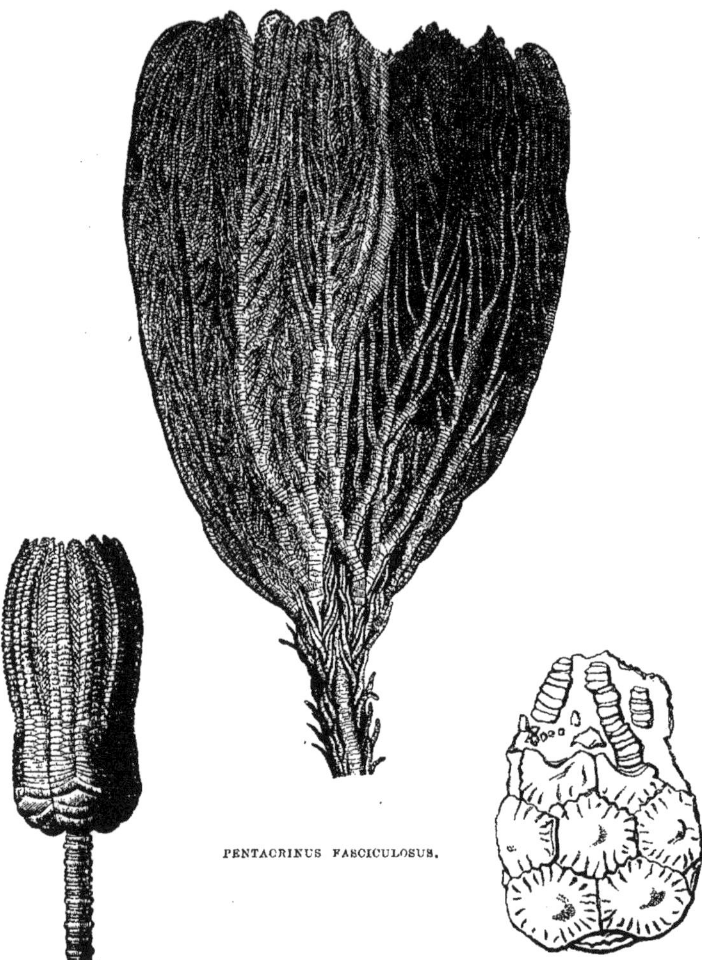

PENTACRINUS FASCICULOSUS.

ENCRINUS LILIIFORMIS.

MARSUPITES ORNATUS.

Toutes les espèces n'ont pu apparaître en même temps ; les conditions de la lutte vitale étaient autrefois diffé‑rentes ; le relief des continents tout autre. Les émersions et submersions de terres furent successives et locales. Le pôle et l'équateur — preuve : les fossiles — n'ont pas toujours été l'un très froid, l'autre très chaud.

Les espèces d'organisation simple, sans moyens spé‑ciaux de dissémination, offrent cependant les aires les plus vastes. Ces espèces, les plus anciennes, ont eu le temps de se répándre sur un sol que n'envahissaient pas encore des plantes ennemies. Une terre de récente formation est d'ailleurs trop peu différenciée pour nourrir beaucoup d'espèces.

Les flores anciennes étaient plus pauvres qu'aujourd'hui et plus largement étendues ; la houille sur tout le globe se compose de plantes identiques : principalement de Cryptogames et de plantes plus ou moins aquatiques.

Donc, parmi les causes de grande extension des espèces aquatiques, il faut ranger leur ancienneté géologique.

Au contraire les Composées, avec leurs moyens de voyager si perfectionnés, ne se répandent guère. On ne les observe pas dans les terrains tertiaires ; ce sont des plantes relativement modernes, qui ont trouvé le sol déjà bien occupé. Relativement... car on peut supposer la végétation actuelle du globe

VÉGÉTATION DU BRÉSIL.

beaucoup plus ancienne que l'Homme, et correspondant à une configuration différente des continents.

Les Composées dernières venues n'ont pu lutter qu'en se perfectionnant beaucoup, en se faisant des spécialités restreintes, exactement comme dans la lutte vitale entre les Hommes, qui trouvent aujourd'hui la médecine, par exemple, trop lourde et trop vaste, et qui se bornent à étudier et à soigner, celui-ci l'estomac, celui-là le larynx.

Nous avons vu que les espèces ont des aires et ne se mèlent pas sur toutes les stations du Globe qui pourraient les nourrir ; que beaucoup d'espèces de même genre habitent une seule région, et très souvent aussi les genres d'une seule famille.

Quand il existe des différences entre les flores ou entre les faunes de deux régions, on les reconnait en rapport avec l'importance des barrières de séparation : autour du pôle nord, ces barrières s'amoindrissent, les aires s'allongent dans le sens est-ouest.

Dans l'Amérique du Nord, il y a plus d'affinité, plus de parenté, entre les espèces situées au nord du 25e parallèle et au sud du 35e, malgré les différences essentielles du climat, qu'entre les espèces situées à l'intérieur des 25e et 35e parallèles sud en Amérique, en Afrique et en Australie.

ABONDANCE DE CACTÉES SUR LA CÔTE S.-O. DE CUBA.

Les trois continents offrent de profondes différences, malgré la similitude des climats, car ils sont séparés depuis très, très longtemps.

Si le bras de mer est peu profond (Angleterre), la population des îles a beaucoup d'affinité avec celle du continent; s'il est très profond (Antilles), les espèces et les genres se montrent distincts des formes continentales les plus proches ; les îles sont séparées du continent depuis plus ou moins de temps. Les espèces habitant les îles d'un archipel ont toujours entre elles l'affinité la plus étroite.

Comment expliquer ces faits, la concentration des formes alliées en des régions spéciales, les différences des trois continents vers le sud, la population des îles, sans admettre la descendance de souches ancestrales communes ?

Les affinités des espèces entre elles prouvent un lien organique intime et puissant, l'hérédité, et les différences sont dues à la variation et à la sélection.

Dans l'hypothèse de la création indépendante des espèces, prenons un exemple, la réunion de toutes les Cactées en Amérique n'a absolument pas de raison.

Les îles ont moins d'espèces qu'une égale portion de continent, et cependant les espèces continentales s'y acclimatent aisément; elles possèdent souvent des espèces

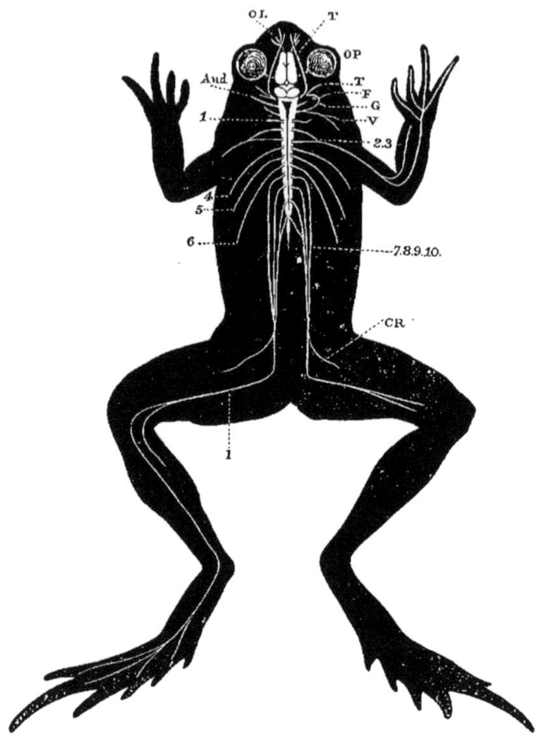

GRENOUILLE.

SYTÈME NERVEUX DE LA VIE ANIMALE CHEZ LA GRENOUILLE.

OL.	Nerfs olfactifs.	1.	1re paire spinale.
OP.	Yeux et nerfs optiques.	2.3.	Plexus brachial.
TT.	Branche du trijumeau.	4 5.6.	4e, 5e et 6e paires spinales.
F.	Nerf facial.	7.8.9.10.	Plexus lombo-sacré.
Aud.	Nerf auditif.	CR.	Nerf crural.
G.	Nerf glossopharyngien.	I.	Nerf sciatif.
V.	Branches du nerf vague.		

LÉZARD.

spéciales endémiques ; jamais de Batraciens ne sauraient passer la mer, et dans les îles que 500 kilomètres au moins séparent de la grande terre, jamais de Mammifères terrestres, mais seulement des Chiroptères.

Aucun de ces faits ne s'explique par les créations indépendantes ; par la difficulté des transports et des naturalisations, fort bien.

L'origine ancestrale doit être unique, même pour les aires disjointes les plus éloignées, car il est inadmissible que des individus identiques proviennent de parents différents.

Cependant, il ne faut pas attribuer l'origine à un seul individu ou à un seul couple, car on doit considérer comme ancêtres la longue suite de parents successivement modifiés.

CHAUVE-SOURIS.

VALLÉE DE LA REINE AUGUSTA. (GROENLAND ORIENTAL.) TROUPEAU DE BŒUFS MUSQUÉS.

LES GRANDES RÉGIONS

ZOOLOGIQUES & BOTANIQUES

DU GLOBE

Certaines régions naturelles du globe sont caractérisées par leur population végétale et animale. Nous allons indiquer quelques unes de ces provinces d'après lesquelles, et non d'après les divisions politiques, il faudrait rédiger Flores et Faunes.

1. CONTRÉES POLAIRES AUTOUR DU PÔLE NORD AU NORD DE LA LIMITE SEPTENTRIONALE DES FORÊTS.

Le Spitzberg possède à peine une centaine de Phanérogames ; comme végétaux ligneux, deux petits Saules rampants et la Camarine noire.

Un peu plus bas, à l'intérieur du cercle polaire, quelques Conifères et Amentacées ; le nombre des espèces vasculaires arrive à 750, toutes de petite taille, dépassant rarement 40 centimètres. Immenses prairies tourbeuses de Cypéracées, Graminées et Linaigrettes.

MORSES SUR LA GLACE.

Quelques animaux : Ours blanc, Renne, Élan, Baleine franche, Phoque, Otarie, Morse, Narval ; en Amérique, le Bœuf musqué ; Lemming.

2. EUROPE MOYENNE. — Forêts de Conifères, Pin sylvestre, Pin cimbre, Mélèze, Sapin pectiné, Chênes, Noisetiers, Aulnes, Frènes, Châtaigniers, Hètres, Bouleaux, Ormes, Peupliers, Érables, Tilleuls, Sorbiers et Charmes.

De grandes étendues de ces forèts sont constituées d'une seule espèce ligneuse, et dans la suite des siècles, il y a alternance.

Toute l'Europe moyenne était autrefois boisée ; les défrichements sont dus à l'action de l'Homme.

Dans les forèts, Fougères mâle, femelle, et Aigle-impériale. Arbustes : Houx, beaucoup de Rosacées, Épine-Vinette, Nerpruns, Argousier, Airelle, Callune.

Vastes prairies de Graminées (eaux courantes), Cypéracées et Joncées (eaux stagnantes).

Culture : Seigle, Froment, Sarrasin, Avoine, Houblon, Betterave, Pomme de terre ; Poiriers et Pommiers, fruits à noyaux ; vers le midi, la Vigne en immenses vignobles et le Mûrier.

Population indigène de la Belgique : environ 1200 Phanérogames.

PANTHÈRE.

OURS BLANC.

On peut rechercher dans une Flore quelles sont
les familles de l'Europe moyenne les plus nombreuses
en espèces.

Faune : Chevreuil, Cerf, Daim ; Sanglier, Loup,
Renard; Ours brun, Lièvre et Lapin, Hamster; Grand-
duc, Aigle royal, Perdrix grise.

3. BASSIN DE LA MÉDITERRANÉE. — On ne peut
entendre ici le bassin géographique, parce que les
grands fleuves ont leurs racines bien en dehors de cette
troisième province botanique (Rhône, Nil) ; mais
un bassin plus étroit, s'écartant du rivage de cent
à trois cents kilomètres environ.

Au printemps, floraison par masses des Monocotylées :
Crocus, Narcisses, Tulipes, Scilles, Jacinthes, Orchidées,
Asphodèle.

La Fougère la plus commune est l'Aigle-impériale,
et sur les rocs humides, la Chevelure de Vénus.

Forêts : Chênes-lièges, Chênes verts, Cyprès, Thuya
moucheté, Cèdre, Pin parasol et Pin sylvestre ; broussailles à feuillage toujours vert de Laurier - rose,
Arbousiers, Myrtes, Labiées sous-frutescentes, Bruyères,
Cistes, Lentisques, Daphnés, Palmier nain ; Canne
de Provence.

Naturalisés de l'Amérique : l'Agavé et le Nopal.

HAMSTER.

HYÈNE DU CAP.

Naturalisé de l'Australie : le grand Eucalyptus globu-leux, précieux pour assainir les vallées envahies par les fièvres intermittentes. Dattiers, cultivés pour l'ornement, mais ne mûrissant guère leurs fruits qu'à Elche (Espagne).

Culture : Oliviers, Figuiers, Vignes, Orangers, Grenadiers, Caroubiers, Platanes, Peupliers, Châtaigniers (nourriture populaire), Mûriers (soie) ; plus rarement Canne à sucre, Riz, Cotonnier, Bananier.

Céréales : Froment, Maïs, Orge. Nos Poiriers et Pommiers ont déjà trop chaud ; la Pomme de terre aussi ; les prairies font défaut.

Total des espèces méditerranéennes, 4200.

Quelques animaux caractéristiques : Porc épic, Lion, Panthère, Sanglier, Chacal, Magot, Hyène rayée, Perdrix rouge, Outarde, Tortues grecque, mauresque et Couanne.

4. SAHARA. — Région très pauvre, à peine mille espèces vasculaires.

L'arbre à peu près unique est le Dattier.

Les cultures de fruits, légumes, céréales, restent misérables.

Dans les plaines saumâtres, Chénopodées et Salsolacées caractéristiques de tous les terrains salés.

Faune : Chameau Dromadaire (en domesticité), Autruche, Flamant, Gazelle, Vipère cornue, Scorpion.

GORILLE.

5. Afrique tropicale. — Palmiers, notamment le Palmier à Vin, l'Éléide de Guinée, le Dattier, le Doum ; le Baobab ; d'immenses Figuiers (F. sycomore et F. à feuilles de Peuplier) ; Acacias, Indigotiers et Casses ; Zamias ; Dragonniers ; Euphorbes charnues ; Bananier d'Abyssinie (fréquent l'été dans nos jardins, rentré l'hiver en serre tempérée).

Faune : Éléphant d'Afrique, Rhinocéros à deux cornes, Crocodile, Girafe, Chimpanzé, Gorille, Cynocéphales, Hyène tachetée, Lion à crinière noire, Hippopotame, Zèbres, Antilopes, Buffle de la Cafrerie, Pangolin, Pintade, Perroquet gris ; Termite, Tsétsé.

6. Le Cap de Bonne-Espérance. — Une région botanique très naturelle, qui nous a envoyé un grand nombre de plantes de serre froide : Bruyères, Pélargoniums, Oxalides, Protéacées.

Près de 8000 espèces vasculaires, la plupart ne se retrouvant pas ailleurs.

7. Chine et Japon. — Entre le 50ᵉ parallèle et le cercle du tropique, abondance de végétaux ligneux, la moitié du total de la flore. Conifères et Angiospermes, mêmes genres ordinairement qu'en Europe, mais espèces différentes.

ÉLÉPHANT INDIEN.

RHINOCÉROS.

Le nord de la Chine et du Japon, à peine plus chaud que la Belgique, nous a donné : Ailante, Arbre à thé, Aucuba, Camphrier, Poirier du Japon, Hortensia, Hibiscus, Balisier, Camélia, Aralie à papier, Mûrier à papier ; les parties méridionales de la Chine se rapprochent des flores tropicales, et nourrissent beaucoup de Bambous.

Culture : Riz, Thé.

8. L'INDE TROPICALE. — Palmiers, notamment Cocotier, Sagoutier ; cette famille forme une vaste et superbe ceinture à la Terre entre les cercles des tropiques. Bambous en fourrés épais ; Figuier des Pagodes, dont un seul pied compose une forêt ; Cycadées, Laurinées, Bignoniacées, Légumineuses arborescentes.

Culture : Riz, Coton, Bananier, Ignames et Patates.

Cette région se prolonge dans les innombrables îles équatoriales entre le Japon et l'Australie.

Faune : Orang, Tigre, Éléphant indien, Rhinocéros à une corne, Cerfs et Bœufs différents des nôtres, notamment le Zébu ; Argus, Paon, Faisans ; Gavial ; Naja ou serpent à lunettes.

9. AUSTRALIE, NOUVELLE-ZÉLANDE ET TASMANIE. — La région botanique la plus naturelle, sans doute cause de l'isolement loin de toutes les autres terres ;

ÉCHIDNÉE.

ORNITHORYNQUE.

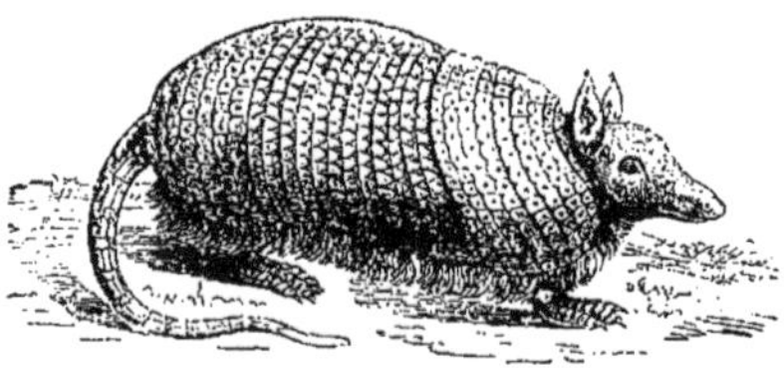

TATOU

environ les $^9/_{10}$ des espèces et un grand nombre de genres ne se retrouvent pas ailleurs. Ces plantes sont en Belgique de serre très froide ou d'orangerie ; nos hivers les feraient périr.

Forêts : Eucalyptus globuleux et plus de cent autres espèces d'Eucalyptus et de Myrtacées ; environ 250 espèces de Légumineuses, notamment des Mimoses et des Acacias sans feuilles, à phyllodes verticaux donnant peu d'ombre. Protéacées, étranges Casuarinées, Gymnospermes caractéristiques tels que les Araucarias.

Hors des forêts, citons le Phormium ou Lin de la Nouvelle-Zélande, bien connu des horticulteurs ; plus de 120 Orchidées terrestres ; de nombreuses Fougères, quelques-unes en arbre, superbes.

Faune également très caractéristique : Kangourou, Phalanger volant, Échidné, Ornithorhynque, grands Coureurs vivants ou récemment éteints ; notamment Émeus et Casoars ; Cacatoès, Perruches, Perroquet-Hibou.

La race humaine australienne est la plus dégradée que l'on connaisse.

Les plantes et les animaux de l'Australie se rapprochent des types de l'époque tertiaire.

BISON.

DINDON.

10. Le nord de l'Amérique correspond à l'Europe moyenne entre les mêmes parallèles ; forêts de Chênes, Conifères, Noyers, Frênes (espèces différentes des nôtres) ; mêmes cultures que chez nous.

Comme espèces caractéristiques, citons : Cyprès chauve, Tulipier, Liquidambar ; et en descendant plus au sud, dans une zone analogue à notre région méditerranéenne, Magnoliers, Azalées, Lauriers, Passiflores grimpantes, Casses, Asters.

Comme céréale, le Riz.

L'Amérique n'a pas de grands vignobles, quoique la Vigne y prospère fort bien.

Faune : Ours gris et brun, Castor (Canada), Mouflons, Dindon, Bison.

CASTOR.

FORÊT DE QUINQUINAS.

11. TERRES CHAUDES DU MEXIQUE, OU BASSES-TERRES.
— Grande richesse de Cactus, de Poivriers, de Bromé-
liacées; Arbre à lait; Cacao; le beau Palmier Sabal
mexicain ; des Cycadées caractéristiques ; les Agavés
et Fourcroyas.

Aux Antilles, des Mimoses aux troncs immenses,
et dans la région montagneuse, Fougères en arbre.
Bambou des Antilles, et B. de l'Inde, naturalisé.

Faune : Caïmans, Serpent fer-de-lance, S. à sonnettes
et Boa.

12. ANDES. — Parties élevées de la Colombie et
du Pérou; à cause de l'altitude, peu de formes tropicales ;
le beau Palmier Céroxylon, les Quinquinas.

Faune : Lama, Alpaca, Vigogne, Condor.

13. LES GUYANES, LE BRÉSIL. — Flore la plus riche
du monde ; forêts vierges, dans lesquelles toutes les
espèces se mêlent et se confondent.

Abondance de Palmiers splendides, de Myrtacées,
d'Orchidées et Loranthacées épidendres, de Fougères
géantes, de Pandanées; Acajou, bois de Campêche ;
lianes appartenant aux familles les plus diverses, et
spécialement adaptées à la lutte pour l'existence dans
les fourrés épais; Vanille, Passiflores, Salsepareille.

Cultures : Canne à sucre, Caféier, Cotonnier, Maïs,
Manioc.

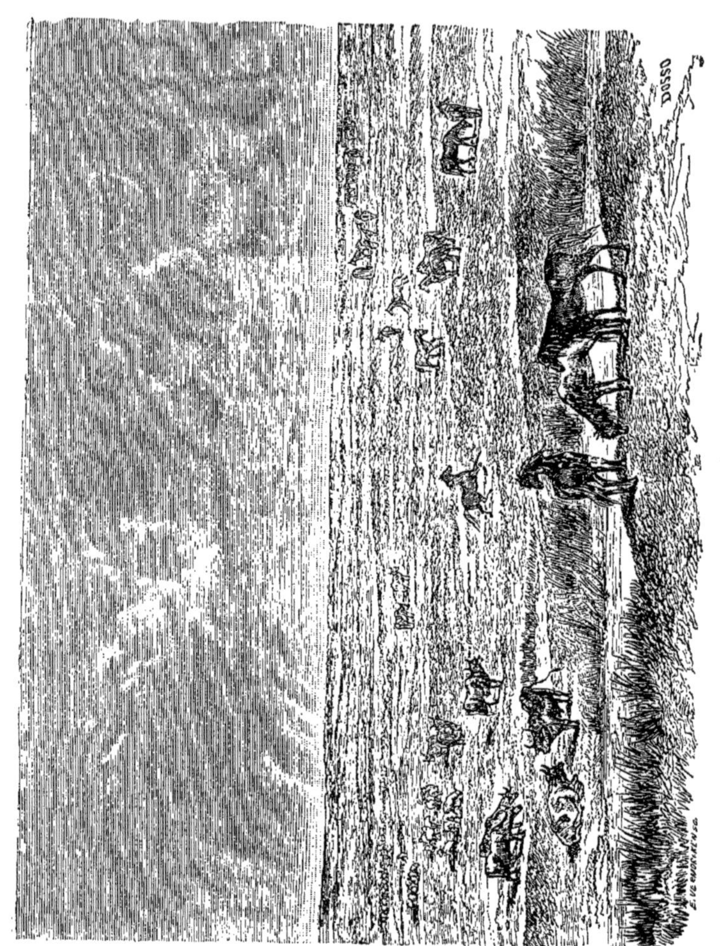

LES PAMPAS DE L'AMÉRIQUE DU SUD.

Faune : Singes hurleurs, Atèles, Ouïstitis ; Vampire, Jaguar, Ocelot, Puma ; Tapir, Pécari, Tatous, le grand Fourmilier, Sarigues, Aras, Caïmans, Serpent corail, Boa.

Plus au sud, du côté de la République Argentine, se retrouvent nos céréales et nos arbres à fruit.

14. LES PAMPAS, immenses plaines de l'Amérique du sud. Grande uniformité et pauvreté de la végétation ; des Graminées ; le Gynérium argenté. Beaucoup d'analogie avec les steppes boréales.

Faune : Nandous.

FOURMILIER.

ÉVOLUTION NATURELLE

ou

DARWINISME.

D'après la théorie qui porte le nom d'*évolution naturelle*, toutes les espèces animales et végétales, au lieu d'avoir été créées séparément, dérivent d'un très petit nombre de types primitifs, dont la descendance s'est modifiée selon les lois que nous allons expliquer. Cette vaste conception a été nettement formulée par Lamarck, mais c'est le célèbre naturaliste anglais Darwin, mort il y a peu d'années, qui l'a développée en l'appuyant sur un nombre immense de faits empruntés à la zoologie, à la botanique, à la géologie et à la paléontologie. On nomme donc ordinairement cette doctrine *Darwinisme*. Le mot évolution, en opposition avec le mot création, en indique parfaitement l'idée fondamentale.

La portée philosophique du Darwinisme est immense. Par lui les classifications, arides et arbitraires jadis,

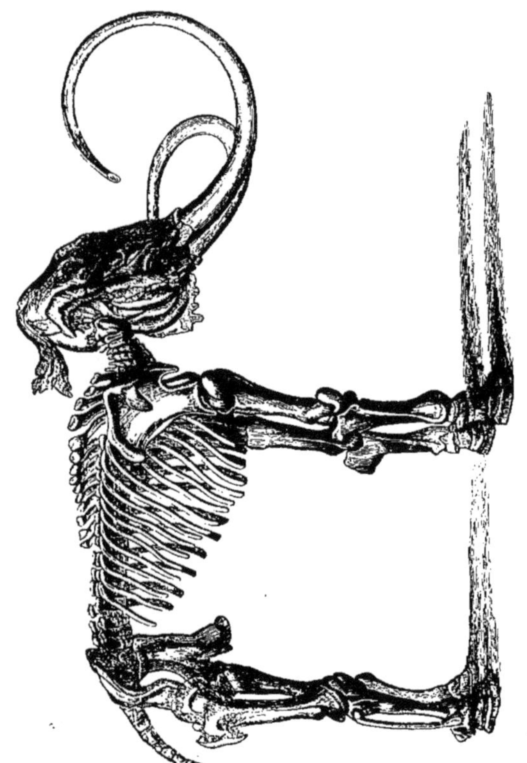

SQUELETTE DE MAMMOUTH.

SEPT VERTÈBRES CERVICALES.

impossibles à expliquer par la croyance des créations séparées, deviennent lumineuses et prennent un intérêt spécial ; ce sont des arbres généalogiques. Tout ce qui a vie sur la terre, dans le passé, le présent et l'avenir, se relie. Une foule de faits, incompréhensibles auparavant, paraissent désormais simples. Les vrais rapports des groupes s'indiquent avec netteté et la raison des affinités et des écarts devient claire. Mais si l'on garde la notion surannée du *plan de la création*, il faut à chaque instant supposer des actes non motivés du Créateur. Or, dans le monde accessible à l'expérience, il n'y a pas place pour le surnaturel. L'admirable adaptation des êtres aux conditions extérieures ne peut plus être invoquée comme démonstration de la sagesse du Créateur ; car les individus bien conformés pour la grande lutte ont seuls chance de survie ; plus de *causes finales*, des *causes efficientes* seulement.

L'unité de type d'un organe dans les emplois les plus divers (main de l'Homme, patte de Taupe, aile de Chauve-souris, nageoire de Phoque), ne peut s'expliquer d'ailleurs par les causes finales et prouve, d'une façon péremptoire pour les esprits non prévenus, une commune origine. Pourquoi y aurait-il justement le même nombre de vertèbres dans le cou de la Girafe et dans celui de l'Éléphant et de la Baleine ?

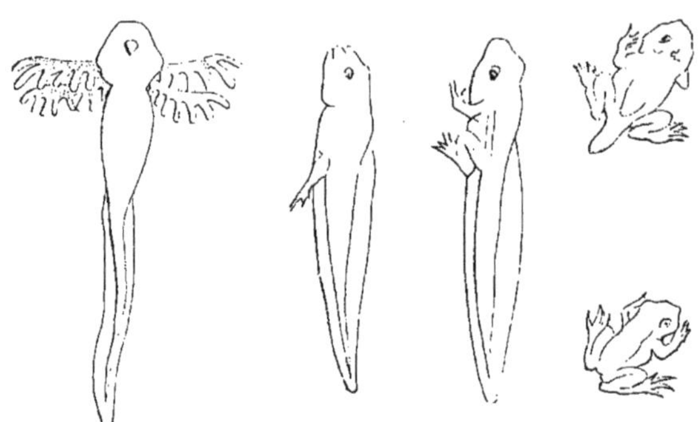

DÉVELOPPEMENT DE LA GRENOUILLE.

RENARD

EXEMPLE DE MIMÉTISME.

Autre argument. Nous savons que les animaux supérieurs subissent dans leur évolution les plus profondes métamorphoses, et qu'ils se montrent d'abord identiques aux animaux inférieurs. Ces changements rapides de l'individu ne sont-ils pas plus étonnants que les transformations si lentes de la race réclamées par la théorie de l'évolution ? Et de l'identité de tous les embryons, ne pouvons - nous conclure une origine commune, la descendance d'un unique ancêtre ?

Le Darwinisme est aujourd'hui adopté par l'immense majorité des naturalistes. La doctrine de la création séparée des espèces et des grands cataclysmes géologiques n'est pas soutenable devant la science moderne. Les plus ardents détracteurs de l'évolution sont les gens du monde qui n'ont jamais vu ni une cellule, ni une vertèbre, ni le développement d'une Grenouille !

La conception de l'évolution naturelle a marqué dans l'étude des êtres vivants un progrès égal à celui que la découverte de la gravitation a fait faire à l'astronomie. Notons que l'une et l'autre s'appuient, non pas sur des hypothèses gratuites, mais sur un ensemble de lois vitales parfaitement connues, communes à tous les organismes, et d'observations indiscutables, que nous pouvons vérifier à chaque instant autour de nous.

Voyons en quoi consiste cette admirable théorie.

RACES DE POULES DOMESTIQUES.

Variabilité. — Les espèces sauvages des plantes et des animaux, et les espèces domestiques varient. Dans un semis de glands ou de blé, il n'y a pas deux pieds identiques ; dans une couvée de poussins, le plumage, la taille diffèrent toujours un peu. Les écarts sont plus accentués si l'on compare les jeunes plantes de Blé ou les jeunes Chênes qui ont poussé dans des terrains divers, à l'ombre, en pleine lumière, dans un sol sec, ou humide, ou grassement fumé, ou crayeux, ou sablonneux. Tous les Hommes se montrent-ils semblables entre eux ? Voyez les enfants d'une même famille. Ces différences entre individus d'une seule lignée sont faibles évidemment ; il nous suffit qu'on en trouve. Certaines espèces, il est vrai, varient peu, par exemple l'Ane et l'Oie ; mais d'autres sont infiniment moins stables : Lapin, Poule, Pigeon, Chien, Cheval, Pommier, Poirier, Chou, la plupart de nos fleurs ornementales, et parmi les espèces sauvages, les Menthes, les Ronces, les Roses, les Éponges calcaires, etc.

Les espèces les plus communes et les plus répandues sont celles qui varient le plus, d'abord en raison de leur chance numérique, et surtout parce qu'elles sont exposées à une grande diversité de sols et de climats.

L'influence du milieu amène souvent de curieuses variétés locales dans les espèces.

ROSE SAUVAGE.

ROSE CULTIVÉE.

VARIATION PAR SÉLECTION ARTIFICIELLE ET HYBRIDATION.

La Crevette, transparente comme verre dans l'eau de mer, devient opaque et brune près de l'embouchure des fleuves ; les Mollusques de la mer du Nord s'atrophient dans la Baltique, beaucoup moins salée ; les Truites, transportées à la Nouvelle-Zélande, se sont modifiées si profondément qu'on les prendrait aisément pour une espèce nouvelle. Les plantes aquatiques règlent selon la profondeur de l'eau la longueur des pétioles et des pédoncules (Nénuphar), ou bien découpent, allongent, transforment leurs limbes foliaires (Renoncules aquatiques, Sagittaire). On pourrait multiplier ces exemples indéfiniment.

Certaines Abeilles parasites ont avec les Abeilles laborieuses, aux dépens desquelles elles vivent, la plus grande affinité ; les Psithyres par exemple, pondant leurs œufs dans les nids des Bourdons, ont des mâles identiques aux Bourdons mâles ; les femelles seules diffèrent un peu. Ces parasites représentent une espèce en voie de transformation, à son origine, encore voisine de la souche maternelle.

La ressemblance affecte les plus insignifiants détails, ceux qu'on ne peut vérifier que par une étude soigneuse.

Hérédité. — La variation une fois acquise accidentellement peut se transmettre, et se transmet souvent par l'hérédité, vérité tellement vulgaire qu'on n'y fait plus attention ; les enfants sont semblables aux parents.

CHIEN DE GARDE.

ZÈBRE.

Ce qui nous intéresse particulièrement ici, ce sont les petites différences survenues, soit par l'influence du milieu, soit par une cause quelconque. Rien dans la nature n'arrive sans une cause naturelle antérieure à l'effet.

Nous connaissons une foule de maladies héréditaires, la phtisie, la scrofule, les névroses ; la descendance d'un alcoolique a beaucoup de chances d'être malsaine ou vicieuse. Les anomalies sont parfois transmissibles ; on connaît des familles à 6 doigts, d'autres avec une mèche de cheveux blancs au milieu du front. La forme du nez, le contour général du visage, la couleur des cheveux se conservent fidèlement. Les albinos ont souvent des enfants albinos. Le type oriental des Israélites se perpétue intact au milieu des races d'occident, avec lesquelles ils ne s'allient guère. Dans la même loi se rangent les qualités intellectuelles dépendant des cellules nerveuses du cerveau ; rappelons les instincts admirables du Chien d'arrêt et du Chien de berger, instincts acquis primitivement par un dressage spécial. La famille Bach compte une trentaine de musiciens distingués.

L'hérédité peut encore se manifester après une longue disparition du caractère. Ainsi les Anes et les Chevaux portent parfois une ou deux rayures, transmises par un ancêtre éloigné, commun à ces deux espèces et au Zèbre ;

FLEURS DOUBLES
OBTENUES PAR SÉLECTION ARTIFICIELLE ET HYBRIDATION.

il arrive que l'oreille de l'Homme est pointue, comme celle de ces ancêtres Prosimiens. Cette transmission à longue échéance s'appelle *atavisme*.

Sélection artificielle. — Avec ces deux lois vitales, la variabilité et l'hérédité, l'Homme a créé de nombreuses races d'animaux et de végétaux domestiques. Le mot *sélection* indique l'acte de choisir et de mettre à part dans ce but, les reproducteurs. Pendant des siècles, l'Homme a fait de la sélection sans le savoir ; la théorie est connue et discutée depuis quatre-vingts ans environ. Il est certain que les sauvages et les Hommes préhistoriques eux-mêmes, qui connaissaient le Chien, choisissaient dans chaque portée les meilleurs jeunes, soit les plus agiles pour attraper le gibier à la course, soit les plus robustes pour défendre la tribu. Ce fut le point de départ du lévrier et du dogue.

De nos jours, la sélection artificielle a réalisé des prodiges. L'Homme, selon ses besoins ou sa fantaisie, a créé les races innombrables des animaux domestiques, rien que par un choix judicieux des reproducteurs. Les différences qui indiquent ces sujets d'élite au milieu du troupeau restent ordinairement si faibles, qu'il faut pour les découvrir un œil exercé. Citons parmi les races qui s'écartent beaucoup de l'espèce prise comme point de départ ; les Pigeons grosse-gorge et culbutant ;

PIGEON DE ROCHE.

CHIEN DE CUBA

les Poules nègre et cochinchinoise, le Chou-fleur, le Bœuf Durham.

Un élément de succès pour la sélection artificielle, c'est un troupeau nombreux, dans lequel se multiplient les chances de voir naitre les variations attendues. On doit prendre soin d'isoler par des clôtures la race en voie de formation, parce que des croisements avec le type primitif non modifié marqueraient chaque fois un recul.

L'espèce. — On appelle habituellement *races* ces types créés par l'Homme ; ils ne diffèrent absolument par aucun caractère des *bonnes* espèces naturelles.

Dans la pensée des anciens classificateurs, la *bonne espèce* est celle qui a fait l'objet d'un acte spécial de la création. On pourrait remplir une bibliothèque de livres où l'on discute si telle forme est une bonne ou une mauvaise espèce ; mais la définition exacte de ce que l'on entend par ce terme, on ne saurait la trouver nulle part.

Nos différentes races de Pigeons domestiques ont certainement pour commune origine le Pigeon de roche ou Biset, bleu ardoise avec barre noire sur l'aile. Or, les modifications des plumes, du jabot, du squelette, des habitudes, sont tellement profondes, qu'un classificateur non prévu y verrait des genres. Beaucoup de genres, parmi les Oiseaux, ont une moindre somme de différences.

PENSÉES HYBRIDES.

Les races de Lapins domestiques sont plus différentes que les espèces sauvages entre elles.

L'hybridation ne peut être prise ici comme critérium : l'Homme a créé des races incapables de croisement réciproque, par exemple le Chat du Paraguay et nos Chats européens, le Terre-Neuve et les Chiens de petite taille, le Lapin de Porto-Santo et nos races domestiques ; exactement comme les *bonnes espèces* sauvages. De plus, on connaît des hybrides fertiles, entre formes généralement considérées comme bonnes espèces naturelles, dans les genres Cirse, Cytise, Carpe, Pinson ; les *léporides* sont hybrides du Lièvre et du Lapin.

Certainement la création d'espèces domestiques est plus rapide que la formation d'espèces sauvages nouvelles ; mais ceci tient à la reproduction exclusive dans le premier cas au moyen de parents choisis, sans aucun nouveau croisement avec la forme primitive. Certainement aussi les espèces cultivées retournent vite à l'état sauvage, parce que, créées en vue des besoins de l'Homme, elles sont mal armées dans la lutte pour l'existence. Supposons le Bœuf Durham, massif sur des pattes courtes, tout en chair et en graisse ; il est incapable de se mouvoir pour brouter, et en outre, le premier Carnivore venu le dévorera sans combat.

CHIEN COURANT.

TYPES HÉRÉDITAIRES. RACES.

CHIENS DES ESQUIMAUX

Autrefois, on croyait à l'espèce immuable, et l'on ne parvenait pas à la définir. Certaines races par leur fixité, par une somme notable de caractères propres, se rapprochaient de l'espèce ; certaines espèces, par le nombre de leurs variétés, passaient au genre, et alors les variétés devenaient espèces à leur tour, montaient en grade. Mais l'idée d'espèce, très utile en soi, ne doit pas être prise d'une façon absolue ; la distinction entre espèce et variété est vague et arbitraire. Tel classificateur nommera une forme espèce; pour un autre, cette même forme ne sera qu'une variété. Ainsi, Fries admet 106 espèces du genre Épervière en Allemagne, et Loch, 52 seulement ; Bechstein décrit 367 espèces d'Oiseaux indigènes en Allemagne ; Reichenbach, 379 ; Meyer et Wolff, 406, et le docteur Brehm, plus de 300. Sichel admet 3 espèces seulement de Sphécodes (Hyménoptère parasite) ; avec la même collection, Förster en décrit 150. Une variété bien caractérisée est le commencement d'une espèce.

Il n'y a pas plus de limite positive entre deux espèces ou entre deux genres, que le géologue n'en saurait indiquer entre les périodes primaire, secondaire, tertiaire, quaternaire ; l'historien, entre le moyen âge et les temps modernes ; le médecin, entre l'âge mûr et la vieillesse, ou le physicien, entre les différentes nuances du spectre.

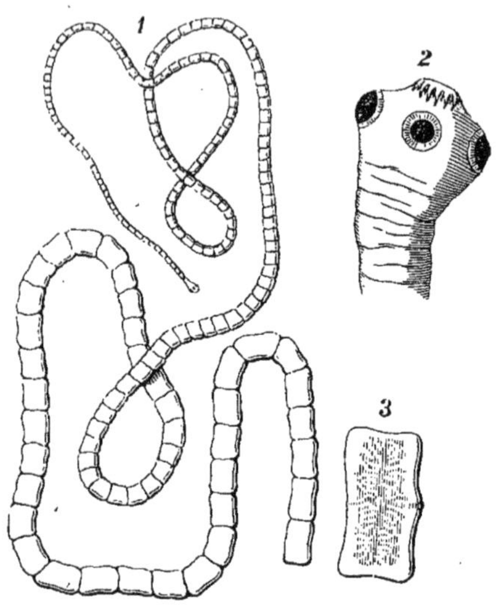

TÉNIA DU CHIEN.

1. Colonie entière.
2. Scolex grossi fortement, avec crochets et ventouses.
Un proglottis renfermant des œufs.

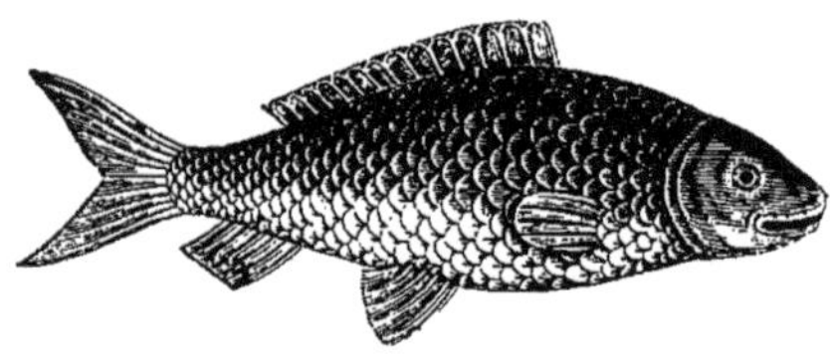

CARPE.

Dans certains cas, l'espèce parait insaisissable ; par exemple chez la Paludine d'eau douce, l'Éponge calcaire, les Roses, les Ronces.

On nous dira : les espèces entre elles doivent offrir une somme de différences plus grande, que cella qui sépare l'espèce de ses variétés ; mais cette somme n'a jamais été fixée.

Si nous prenons l'arbre généalogique comme base de la classification naturelle, la notion absolue d'espèce disparait ; il n'y a plus que des rapports, des affinités variables, des écarts variables aussi, et l'on parvient à se rendre un compte beaucoup plus exact de l'ensemble de la nature.

Concurrence vitale et sélection naturelle. — Ceci établi, abordons le nœud de l'évolution, la concurrence vitale et la sélection naturelle ; cette partie de la théorie est exclusivement due à Darwin.

Tous les êtres à la surface de la Terre se multiplient si rapidement (par raison géométrique), que, sans des causes efficaces de destruction, une plante ou un animal donné pourrait couvrir toute la surface du globe en un petit nombre de générations. Citons les œufs innombrables du Ténia, de la Carpe, et les spores des Champignons parmi les multiplications rapides. Les Éléphants, qui se reproduisent si lentement,

MULTIPLICATION
DES PINGOUINS, DES EIDERS, ETC., AUX ILES LOFODEN.

donneraient d'un seul couple, au bout de cinq cents ans, quinze millions d'individus ; en supposant qu'un ménage humain, à l'âge de 25 ans, ait deux enfants, en moins de mille ans, il n'y aurait plus une seule place sur notre planète pour se tenir debout. Si un couple de Moineaux donne 10 jeunes par an et reste cinq ans fécond, en 10 ans il produit plus de 51 millions de Moineaux.

Les causes principales de destruction des organismes surabondants sont les suivantes :

Un nombre prodigieux de germes, de cellules-œufs, tombent sur un terrain stérile et n'ont pas occasion de se développer. Les jeunes animaux manquent de nourriture, ou sont dévorés par d'autres. Les jeunes plantes ne trouvent pas le degré d'humidité, de chaleur, de lumière convenable. Les épidémies, la tuberculose, la scrofule, moissonnent chaque année des millions d'Hommes. Ces différentes extinctions ne se font pas au hasard ; elles sont régies par des lois naturelles rigoureuses. D'ailleurs, le hasard n'est qu'un mot qui sert à exprimer notre ignorance.

Comme il n'y a pas de nourriture et de soleil pour tous, les êtres luttent continuellement, et le plus fort ou le plus agile, ou celui qui possède un avantage spécial, l'emporte sur ses rivaux moins bien partagés ; la *persistance du plus apte* est une loi naturelle excessivement simple.

LOUTRE

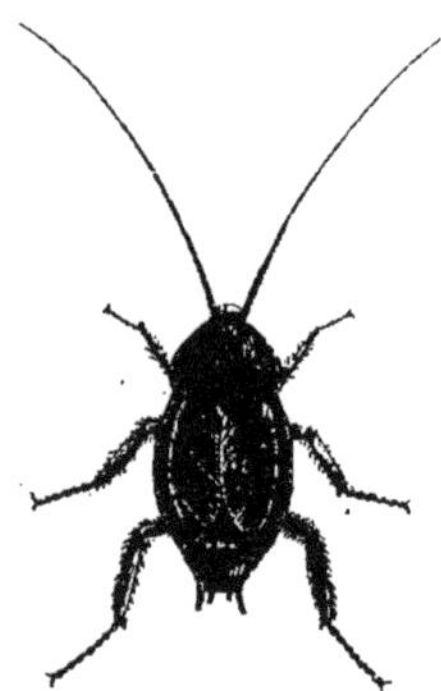

BLATTE.

Prenons un exemple. Des Chiens de différentes races sont déposés par un navire dans une île inhabitée, où le gibier, des Lapins par exemple, est nécessairement limité. Parmi ces Carnivores, les plus agiles ont grande chance de survivre à leurs compagnons trop lents ; les lévriers l'emportent sur les dogues et les Terre-Neuve : et en outre, les bassets pénètrent dans les terriers, à la porte desquels les grandes races meurent de faim. Après quelque temps, lévriers et bassets, en vertu de ces privilèges, restent maîtres du terrain. Voilà ce qu'on nomme la sélection naturelle ; étant donnée la multiplication excessive des êtres, elle s'impose comme une nécessité mathématique.

La lutte est d'autant plus active, que les compétiteurs se ressemblent davantage. Dans notre île, un Chien de plus doit combattre les autres Chiens ; un Lièvre doit conquérir l'herbe broutée jusqu'ici par les seuls Lapins ; mais une Loutre, qui vit exclusivement de Poissons, ne rencontre pas de rivaux et a bien plus de chances que le Lièvre ou que le nouveau Chien.

Rappelons la lutte ardente du Rat noir et du Surmulot, et la rapide victoire de ce dernier ; on pourrait difficilement supposer deux adversaires plus semblables. De même, la Blatte orientale a remplacé la Blatte ordinaire ; la Vergerette du Canada est en train de supplanter

HIRONDELLE

MOUTON MÉRINOS.

plusieurs de nos plantes indigènes dans les sols sablonneux, et l'Élodée du Canada livre un combat acharné
à nos espèces d'eau douce. Partout où l'Homme blanc
se heurte aux races de couleur, en Amérique ou à la
Nouvelle-Hollande par exemple, il l'emporte haut la main
sur les Mohicans ou les Australiens, qui disparaissent
bientôt devant lui.

Ceci posé, examinons les conséquences. Elles sont
énormes. Nous savons que les espèces peuvent varier
et que les variations se transmettent héréditairement.
Toutes les variations favorables se conservent, parce que
l'individu a plus de chances que ses frères mal doués,
et il laisse une postérité de plus en plus nombreuse ;
toutes les variations défavorables s'éteignent rapidement
Le progrès indéfini de la race est assuré. Ainsi, le Mouton
sauvage qui a la toison la plus fournie résiste mieux
en hiver quand les herbages deviennent rares ; l'Oiseau
qui a le bec le plus solide lors de l'éclosion, brise mieux
la coquille de l'œuf, et plus tard, il peut attaquer des
fruits plus durs et augmenter la possibilité de son alimentation ; le Passereau au vol plus rapide échappe mieux
à l'Épervier, émigre plus facilement vers le sud dans
la saison mauvaise.

Les caractères nouveaux très divergents sont surtout
fixés, parce que, si les espèces diffèrent entre elles,

LUTTE DES MALES POUR LA POSSESSION DES FEMELLES. SURVIVANCE DU PLUS FORT

elles ont chance de vivre côte à côte sur un terrain donné. Quant aux types intermédiaires, ils disparaissent au fur et à mesure, car ils doivent lutter à droite et à gauche avec les formes extrêmes mieux armées, nées en même temps qu'eux. Mettons dans l'ile de tantôt un animal moitié Chien, moitié Loutre, moins bien doué sur terre que le premier, moins bien dans l'eau que la seconde, il sera vaincu ici par la Loutre, là par le Chien ; et les deux races de Chiens qui ont le plus de chances sont les plus dissemblables, les lévriers et les terriers. Telle est la loi de la *divergence des caractères*.

La division du travail, simple chapitre de la divergence des types, a été amenée sans doute par les mêmes procédés de sélection. Comparons les Vers dont tous les segments sont identiques, avec les Vertébrés, dont chaque segment effectue une fonction spéciale, comme vertèbre, comme paire de nerfs, comme muscle, etc. L'exemple le plus complet de cette division est fourni par les localisations cérébrales de l'Homme.

Dans la nature, la rareté des formes intermédiaires a amené la croyance à l'espèce immuable. Rareté relative, bien entendu, car le monde vivant et la paléontologie nous fournissent ces intermédiaires en quantité. Les Roses, les Ronces, les Pinsons, les Singes américains, sont des groupes où l'espèce se dérobe, où tous les intermédiaires se présentent nombreux.

LA CRINIÈRE DU LION EST UNE ARME DÉFENSIVE.

Dans la zoologie systématique, on rencontre à chaque instant des types servant de passages entre divers groupes, Les espèces fossiles peuvent en outre compléter les cadres. Bien entendu, il faut chercher les intermédiaires, non pas entre les espèces actuelles, mais entre celles-ci et l'ancêtre commun, ordinairement disparu.

Par la sélection naturelle, ont été acquises les armes défensives et offensives que les mâles emploient dans leurs combats pour la possession des femelles, les bois et les cornes des Ruminants, l'ergot du Coq, l'épaisse crinière du Lion, l'épais revêtement de plumes sur le cou des Gallinacés. Un Cerf sans bois, dit Darwin, et un Coq sans ergot n'ont aucune chance, à l'état sauvage, de laisser une postérité. C'est la sélection *sexuelle* qui a pourvu les Oiseaux mâles, principalement les Oiseaux polygames, de splendides plumages et de chants variés, moyens puissants de séduction.

La sélection peut agir sur l'œuf ou sur la graine, y ajouter une coquille, un amas de nourriture.

Jamais un organe ne se forme pour porter préjudice à son possesseur. On objectera l'Abeille ; quand elle a piqué, elle meurt. Mais l'Abeille ouvrière est neutre, elle ne se reproduit point, et il faut considérer seulement ceci : une immense utilité résulte pour la ruche de l'existence d'ouvrières nombreuses et bien armées.

LES BOIS DU CERF NE POUSSENT
QU'AU MOMENT DE LA LUTTE ENTRE LES MALES
POUR LA POSSESSION DES FEMELLES.

Ces neutres représentent des organes, des instruments de la reine, rien de plus.

Adaptation à l'usage. — Dans un cas particulier, la variation est spécialement favorable à l'évolution progressive des êtres ; c'est lorsqu'un organe s'adapte à l'usage. La nature nous offre de ce fait des exemples nombreux, aussi bien pour le développement de l'individu que pour la formation de la race.

Les plantes d'un même semis seront plus velues dans un terrain sec que dans un sol humide ; or, les poils constituent une bonne protection contre l'évaporation Les animaux s'engraissent ou maigrissent selon l'alimentation. Les Tritons sous l'eau gardent leurs branchies. La Couleuvre à collier est ovipare ou ovovivipare, d'après la nature du sol qu'elle habite. Les muscles de l'Homme se développent par l'exercice ; son intelligence aussi, notamment la mémoire ; le bras droit est presque toujours plus fort, et plus adroit surtout, que le bras gauche, et la main droite offre presque toujours une chaleur supérieure d'un dixième de degré à celle de la main gauche. Les horlogers et les écoliers deviennent souvent myopes. Les vrilles de la Vigne-vierge ne se fortifient qui si elles ont adhéré au support. Les organes des sens acquièrent une merveilleuse acuité chez les sauvages. Ceci pour l'adaptation *ontologique* (ou de l'individu),

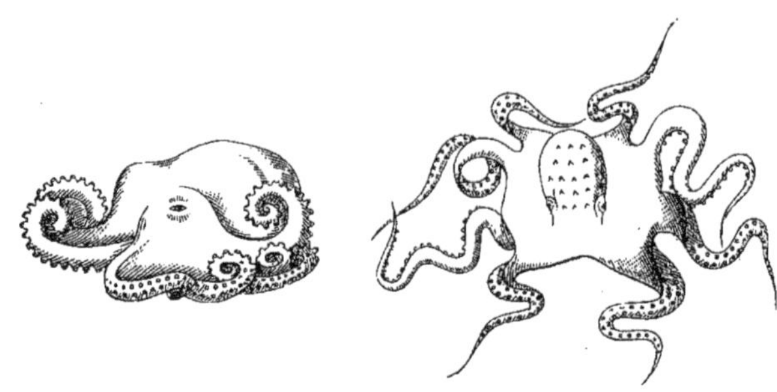

POULPE COMMUN.

TIGRE.

EXEMPLES DE MIMÉTISME.

dont les effets sont contraires à ceux de l'hérédité ;
celle-ci conserve les résultats acquis ; l'adaptation les
modifie. Dans un groupe naturel donné, vaste ou restreint,
les identités proviennent de l'hérédité, et les dissem-
blances, de l'adaptation.

Beaucoup d'espèces animales prennent la couleur du
milieu où elles vivent ; il en résulte un avantage évident :
les animaux paisibles échappent plus facilement à leurs
ennemis ; les bêtes de proie se dissimulent plus longtemps
aux yeux de leurs victimes et s'en approchent aisément.
Ce fait a reçu le nom de *mimétisme*.

Ainsi nos Lièvres et nos Perdrix sont de la couleur
des sillons ; le Lièvre polaire et beaucoup d'Oiseaux
du Nord sont blancs, au moins en hiver, et souvent
en été ces mêmes espèces revêtent une livrée colorée.
Nous avons cité la Crevette dans l'eau pure et dans
l'eau trouble. Le Lion présente la nuance des montagnes
africaines ; le Tigre, la rayure verticale des fourrés
de Bambous ; les Panthères, une moucheture analogue
au feuillage des arbres où elles se blottissent. Le Puceron
du Rosier, la Sauterelle, la Punaise des bois, certains
Lézards et Grenouilles sont verts. Le Poulpe commun
prend *rapidement* la couleur du roc sur lequel il se
repose. Beaucoup d'Insectes que l'on touche font le
mort et deviennent semblables à des corps inertes

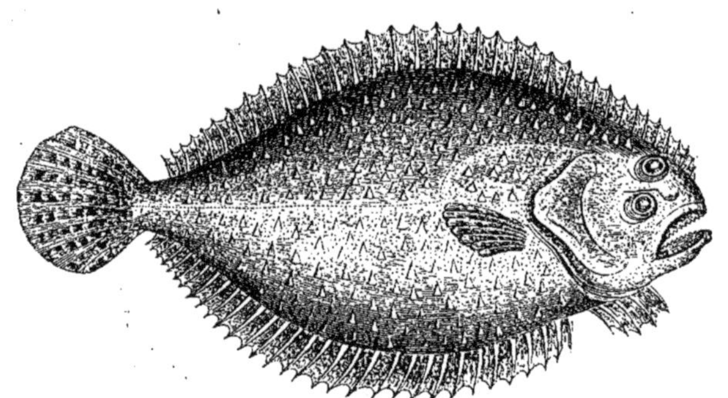

TURBOT.

ABEILLES.

MÂLE.

FEMELLE.

OUVRIÈRE.

d'autres pendant toute leur vie rappellent des feuilles mortes, des fragments de bois mort et même d'autres Insectes ; ces derniers peuvent ainsi s'approcher de leurs victimes et y déposer des œufs qui se développent en larves parasites. L'Éristale tenace ressemble beaucoup à une Abeille, et ainsi les Oiseaux craignent de la croquer.

Nos plantes indigènes sont certainement adaptées au climat, puisque les espèces cultivées, qui cependant mûrissent parfaitement leurs graines, ne se répandent pas. Le Lin, le Blé, et même le Bluet et le Coquelicot ne se reproduisent guère en liberté ; ils sont vaincus dans la lutte. Nos végétaux doivent posséder — comme la race blanche — une supériorité incontestable, puisqu'ils se répandent sur le sol australien, tandis que les types autraliens né se naturalisent pas chez nous.

Les Pleuronectes montrent une adaptation multiple considérable. Forcés de se coucher sur le côté par la faiblesse de leurs nageoires pectorales et la position de leur centre de gravité, ils déplacent l'œil inférieur et le ramènent au-dessus ; ils fortifient surtout la moitié, droite ou gauche, de la mâchoire en contact avec le sol qui leur fournit l'aliment ; ils colorent en brun la face latérale de leur corps tournée vers le ciel, et ils échappent ainsi plus aisément à leurs ennemis.

ÉLÉPHANT.

A cause de ses défenses, l'Éléphant doit avoir une tête massive et solide ; donc, impossible de la mouvoir à l'extrémité d'un long cou ; donc, nécessité d'une trompe pour arriver jusqu'au sol.

On pourrait multiplier à l'infini ces exemples d'adaptation *phylogénique*, et c'est ici qu'il faut combattre le plus énergiquement l'ancienne doctrine des causes finales. Ces adaptations sont une conséquence directe et fort simple de la sélection naturelle.

Organes rudimentaires. — Un organe qu'on n'exerce plus devient rudimentaire èt peut même disparaître ; rien de plus simple si l'on admet la plasticité des espèces. Mais si on les prend immuables, comme autant de créations séparées, l'existence de ces vestiges inutiles devient un problème insoluble.

Cependant des Crustacés ayant eu palpes, pattes et yeux, perdent tous ces organes, désormais sans emploi, quand ils deviennent parasites. Un membre humain, condamné au repos, maigrit. Et logiquement nous devons conclure à l'amoindrissement successif d'organes ayant existé chez les ancêtres avec leur plein développement, dans les cas suivants que nous prenons comme exemples :

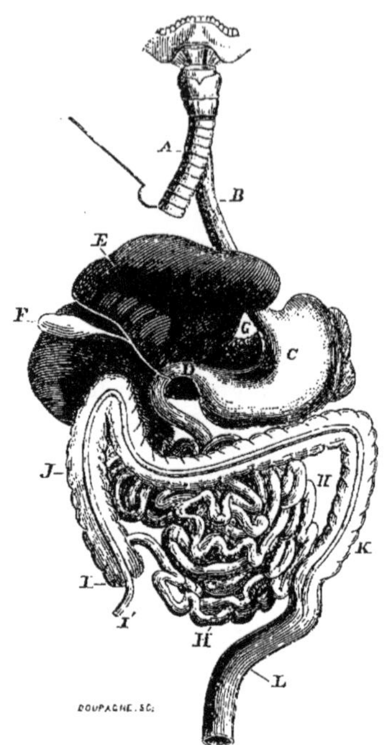

APPAREIL DIGESTIF DE L'HOMME.

TÊTE D'HOMME.

EXEMPLES D'ORGANES RUDIMENTAIRES INUTILES.

L'Homme est couvert de poils follets, héritage réduit de ses ancêtres simiens. L'oreille externe, *absolument inutile*, provient de l'oreille grande et mobile des herbivores. Au coin interne de nos yeux, un repli semi-lunaire indique la troisième paupière des Oiseaux. Le coccyx est le reste d'une queue. Des traces de muscles pauciers — immobiles ! — notamment dans le cou et autour de nos oreilles, rappellent les muscles analogues si développés chez l'Ane. L'appendice vermiculaire de notre gros intestin représente la poche que beaucoup d'herbivores possèdent en ce point. Les embryons de Cétacés et de Ruminants ont des maxillaires garnis de dents qui ne se développent jamais ; la Baleine, le Boa, portent une ébauche de bassin sans membres. Les Cécilies, la Taupe, ont des yeux, mais aveugles. La Mouche offre les rudiments d'une paire d'ailes en arrière des principales. Tous les Insectes parasites sont aptères. Un poumon chez les Serpents, un ovaire chez les Oiseaux, avortent régulièrement.

La plupart des Insectes dans les iles, et notamment les Scarabées à Madère, ont des ailes réduites ou nulles, parce que ceux qui volent sont emportés par le vent et noyés dans la mer.

Tous ces organes sans fonction, et cent autres, se sont donc graduellement atrophiés dans la race — phylogéniquement — par défaut d'usage.

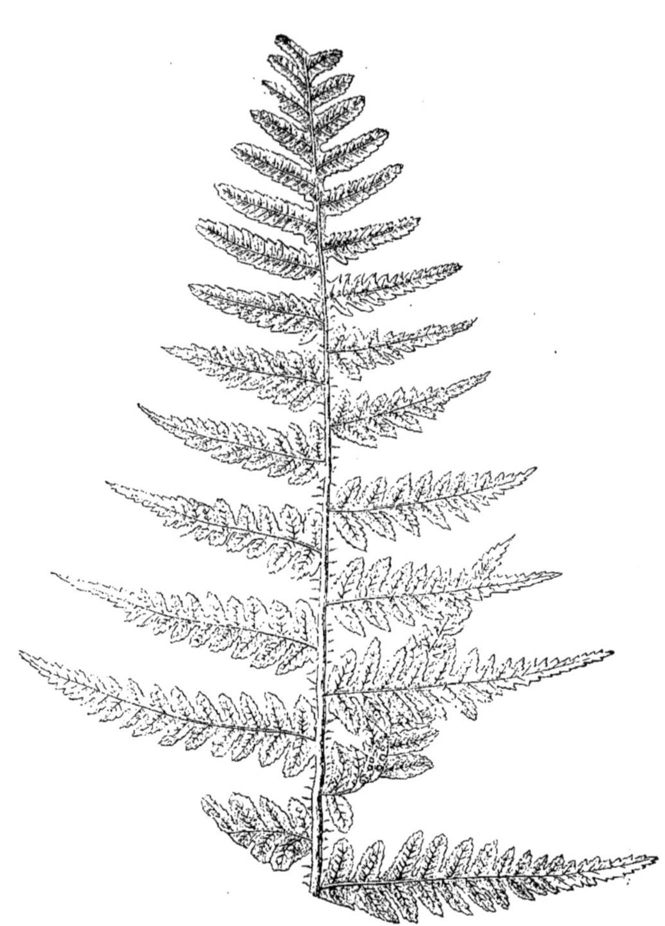

FOUGÈRE FOSSILE.

Paléontologie. — Examinons maintenant l'appoint énorme que la Paléontologie apporte à la théorie de l'évolution naturelle.

D'après cette théorie, ce sont les êtres rudimentaires qui ont dû vivre d'abord, et des races de plus en plus perfectionnées sont apparues, les unes après les autres. Or, la règle se confirme parfaitement en étudiant les assises du globe : les premières ne présentent que des types simples, aussi bien dans le règne végétal que dans le règne animal. Les Poissons ont vécu avant les Reptiles ; après ceux-ci viennent les Mammifères et les Oiseaux. Antérieurement à l'époque dévonienne, on ne trouve que des fossiles d'Algues ; le terrain primaire est caractérisé par les Fougères ; le terrain secondaire, par les Conifères ; le terrain tertiaire, par les arbres à feuilles caduques (Amentacées). Dans l'idée des créations indépendantes, pourquoi cette succession ?

L'évolution s'accorde avec la Paléontologie pour affirmer que les espèces nouvelles apparaissent lentement, à d'énormes intervalles ; qu'elles s'éteignent, non brusquement, mais lentement aussi, en devenant rares d'abord. La Paléontologie nous enseigne encore que les espèces éteintes ne reparaissent jamais. En effet, les ancêtres de ces types ont disparu, et si même des conditions externes identiques se représentaient, il manquerait toujours l'hérédité.

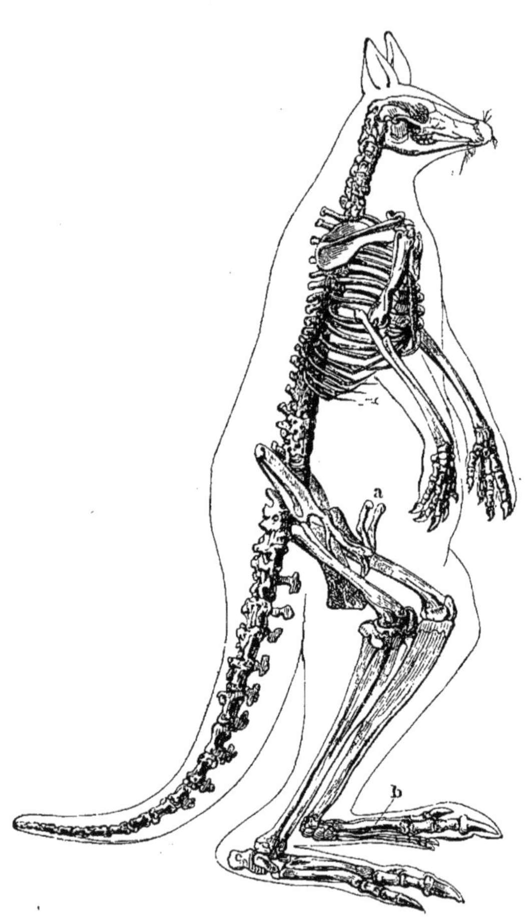

MARSUPIAUX. SQUELETTE DE KANGOUROU.

On observe que plus une forme est ancienne, plus elle diffère des modernes, tandis que les formes anciennes ont entre elles d'incontestables ressemblances. Cette loi confirme la théorie d'évolution et se pose comme un point d'interrogation dans la doctrine des créations séparées.

Dans une région donnée du globe, ces espèces éteintes montrent les plus étroites affinités avec les espèces vivantes, et elles servent à combler les lacunes de la classification. Les fossiles américains semblent appartenir à la forme actuelle du continent ; le Glyptodonte est l'ancêtre du Tatou. Les fossiles australiens sont proches parents des modernes Marsupiaux. Cette relation est inexplicable par la doctrine des créations indépendantes.

La Géologie nous rassure quant au nombre des millions d'années nécessaires à l'évolution naturelle. D'après William Thomson, célèbre géologue anglais, la Terre est habitable depuis un laps de temps pas moindre que 78 et pas plus grand que 200 millions d'années. Haeckel, d'après l'épaisseur relative des roches de chaque formation, divise comme suit la durée totale de l'évolution :

Terrains anciens	53,6
" primaires	32,1
" secondaires	11,5
" tertiaires	2,3
" quaternaires	0,5

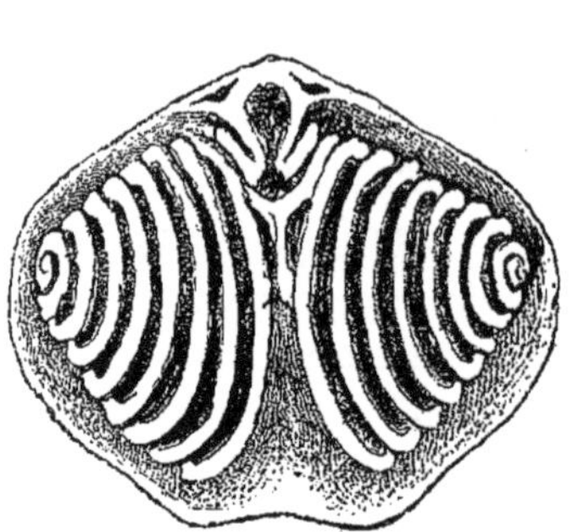

ATHYRIS AVEC APPENDICES SPIRAUX.

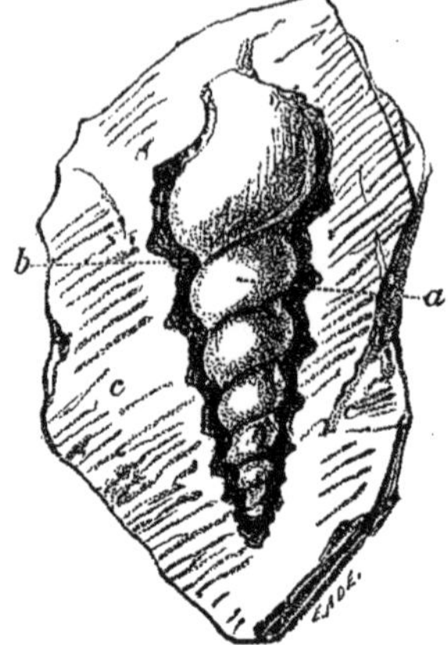

AMMOMITES MUTABILIS.

NIPADITES.

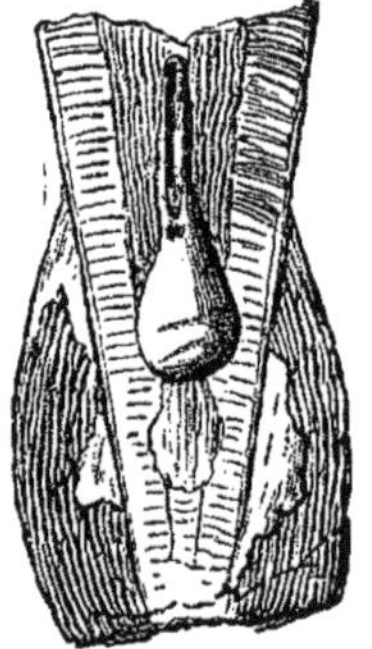

GEOTEUTHIS LATA.

De sorte que le terrain quaternaire, dont une faible fraction constitue ce que nous appelons orgueilleusement l'histoire universelle, vaut seulement *un demi pour cent* de l'ensemble.

Les adversaires du Darwinisme objectent la rareté des formes de transition dans les fossiles. Mais, d'une part, les archives paléontologiques actuelles sont encore bien pauvres, et de l'autre, à mesure que s'étendent nos découvertes, à mesure des types intermédiaires, prévus et attendus, viennent d'une façon éclatante confirmer la théorie.

Réunissons en une seule toutes les collections paléontologiques actuellement existantes ; cet ensemble sera encore bien incomplet et, pour les raisons suivantes, représentera à peine *la millième partie* de ce qui a eu vie :

1° Les roches les plus anciennes ont subi l'action du feu central (action *métamorphique*), et les fossiles qu'elles renfermaient ont été détruits sans retour, laissant à peine, et pas toujours, une trace de graphite ou de carbone, sous forme organique.

2° Les parties dures seulement subissent la fossilisation ; les premiers organismes, entièrement mous, disparurent sans laisser de traces. Quant aux organismes supérieurs, on ne les connait que par le squelette, les écailles, les portions dures des tiges et des fruits

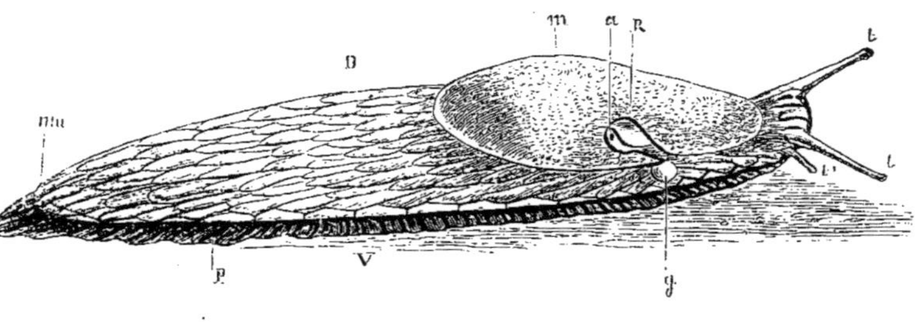

ARION.

t.	Appendices portant les yeux.	D.	Dos.
t'.	Organe du tact.	V.	Ventre.
m.	Manteau.	*p.*	Bord du pied.
R.	Orifice respiratoire.	*mu.*	Orifice de la glande à mucus.
a.	Orifice anal.	*g.*	Orifice par lequel sortent les œufs.

Quelles lacunes dans les Mollusques seulement ! Essayez de reconstituer l'Arion par sa radula, et la Seiche par sa plaque solide interne.

3° La fossilisation ne s'opère bien que dans l'eau, et lorsque le sol descend lentement. Si le sol se relève, les vagues dénudent et broient les dépôts à mesure de leur formation. Donc les fossiles d'animaux terrestres, d'Oiseaux surtout, restent nécessairement rares, et quant aux débris d'animaux aquatiques, il faut encore des circonstances exceptionnelles pour les fossiliser. La côte ouest de l'Amérique méridionale, qui se soulève lentement, ne présente pas de fossiles. Rappelons le rarissime Oiseau fossile, l'Archéoptéryx, dont on n'a trouvé que *deux* exemplaires, et constatons précisément la rareté des formes de transition entre les Oiseaux, les Reptiles et les Mammifères d'autre part.

4° Peu de localités ont été convenablement explorées ; nous ne connaissons qu'une minime fraction de l'écorce du globe.

5° Si nous nous rappelons la suppression rapide des formes intermédiaires, suppression indiquée par la théorie de l'évolution, il faudra nous étonner du nombre immense de documents que la Paléontologie nous fournit dans des circonstances aussi défavorables. Et tous ces documents, tous, sont des arguments puissants pour la théorie de l'évolution.

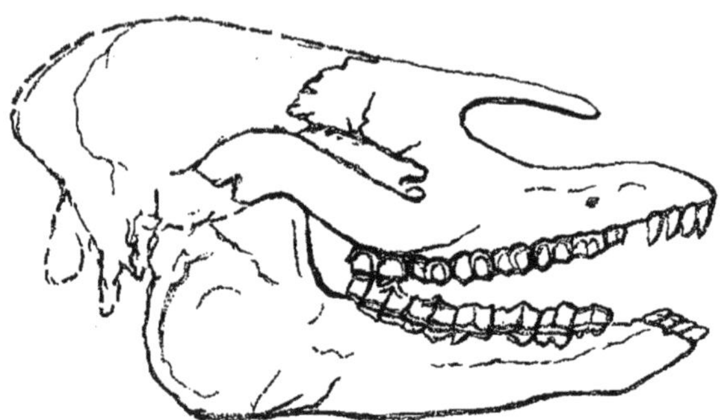

PALÆOTHERIUM MAGNUM.

CHAMEAU.

Les Ongulés présentent une magnifique série fossile, rattachant les formes éteintes aux espèces actuelles, et ils prouvent la nécessité de connaître les premières pour comprendre les affinités naturelles des secondes. Tous sont reliés entre eux par des formes transitoires ; on peut reconstituer leur généalogie avec la plus grande certitude. En voici, d'après Haeckel, un croquis simplifié :

Ongulés primitifs. Coryphodonte.
Commencement de l'âge tertiaire.

Artiodactyles ou doigts pairs.	Périssodactyles ou doigts impairs.
Anoplothérium	Palaeothérium
Porcs. Ruminants.	Rhinocéros.
Hippopotames. Chameaux. Cavicornes.	Tapirs. Chevaux.
Sirènes. Cerfs.	

Les ancêtres du Cheval sont particulièrement intéressants. Tout au commencement des couches tertiaires, on trouve un Périssodactyle A, le *Coryphodonte*, avec cinq doigts à peu près d'égale grosseur à chacun des quatre membres. Élevons-nous graduellement dans les assises géologiques ; des milliers d'années se sont écoulées ; voici d'autres formes présentant successivement :

CHEVAL.

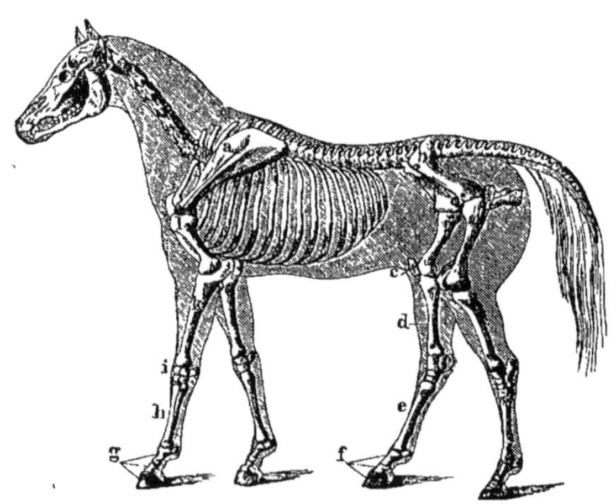

SQUELETTE DE CHEVAL

MEMBRES ANTÉRIEURS.	M. POSTÉRIEURS.

B. *Hippodon*. 5 doigts, le médian plus gros. — 4 doigts.
C. *Éohippus*. 4 et 1 rudimentaire. — 3.
D *Orohippus*. 4. — 3.
E. *Mésohippus*. 3. — 3.
·F. *Archithérium*. 3 doigts, le médian plus gros. ⎫
G. *Hipparion*. 1 doigt principal et 2 accessoires ⎬ A chacun des 4 membres.
     qui ne portent plus sur le sol. ⎭
H. *Pliohippus*. 1 principal et 2 accessoires. — 1.
I. *Cheval*. 1. — 1.

Par atavisme, on rencontre actuellement des Chevaux qui possèdent deux doigts rudimentaires; et sur l'os unique de la jambe du Cheval, on observe encore des traces de ces doigts disparus.

Comme intermédiaires fossiles, on connait en outre des animaux qui avaient les jambes du Cheval et les dents de l'Hipparion, ou réciproquement. Les cadres sont ici complets.

ANOPLOTHÉRIUM.

PALÆOTHERIUM MAGNUM.

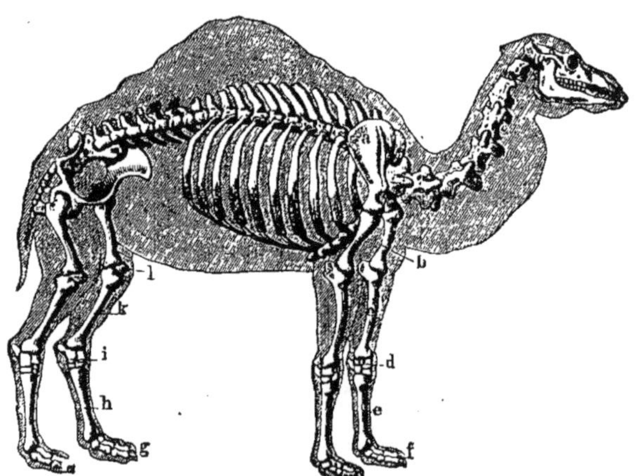

SQUELETTE DE CHAMEAU.

La généalogie du Chameau, parallèle à celle du Cheval, est aussi parfaitement connue.

Or, si la preuve matérielle du transformisme est donnée pour un seul type, quelle raison philosophique a-t-on de repousser la doctrine pour tous les autres ?

Le Palæothérium, dont nous figurons ici une patte, est l'ancêtre commun des Périssodactyles, de même que l'Anoplothérium a engendré les Artiodactyles.

La géographie zoologique et botanique apporte au Darwinisme d'excellentes et solides preuves.

Arbre généalogique.—La classification revient donc à construire pour tous les êtres un seul arbre généalogique. La science est encore loin de ce résultat,

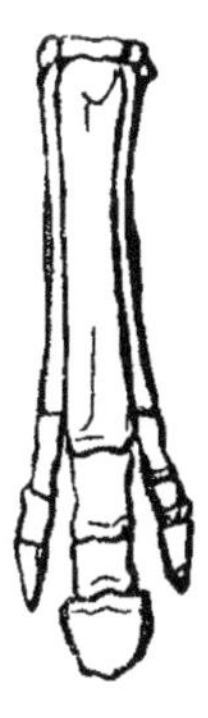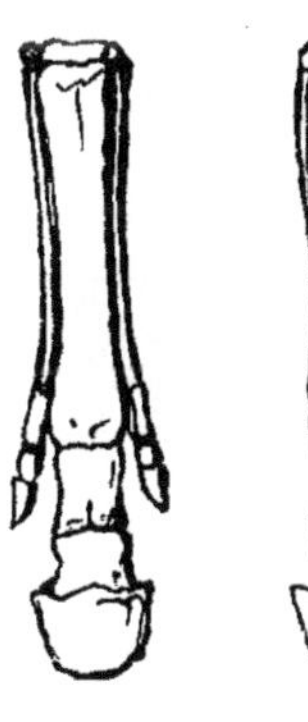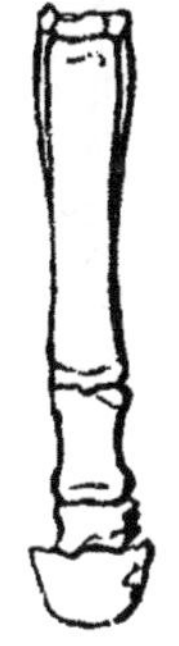

PALÆOTHÉRIUM.   ARCHITHÉRIUM.   HIPPARION.   CHEVAL.

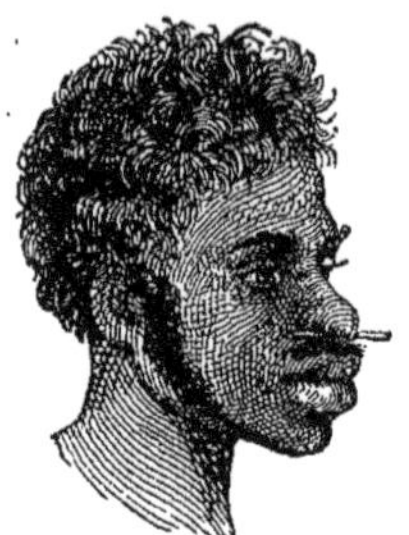

NOUVELLE GUINÉE.

RACE NÈGRE.

RACE ROUGE.

RACE JAUNE.

TYPES DE RACES HUMAINES.

mais les renseignements acquis sont déjà riches et nombreux ; il ne peuvent que s'accroître de jour en jour.

D'après Haeckel, les premiers organismes se sont formés par génération spontanée au fond des mers. De cette génération sans miracle, par les seules forces physico-chimiques, les preuves positives manquent ; mais logiquement, nous sommes forcés de l'admettre. Ainsi apparurent les gelées vivantes et les Monères. Ces dernières ont produit : 1° les Monères végétales, souche des Algues et des Champignons, puis des Mousses, des Fougères et des Phanérogames ; 2° les Monères neutres ou Protistes ; 3° les Monères animales, engendrant en ligne directe les Amibes, les Vers, puis les Tuniciers, les Acrâniens, les Lamproies, les Squales, les Dipnoïques, les Amphibiens, les Sauriens, les Monotrèmes, les Marsupiaux, les Prosimiens, les Singes de l'ancien monde, avec queue ; les Singes anthropoïdes, l'Homme muet ou pithécoïde ; immense filiation, au sommet de laquelle on rencontre l'Homme doué de la parole.

Les espèces se transforment avec des vitesses variables ; même, des types anciens, légèrement modifiés, sont encore actuellement vivants. Ce sont des groupes peu nombreux — ils ont subi d'âge en âge de larges extinctions — s'écartant beaucoup de tous les autres dans le tableau du monde actuel ; on les appelle *aberrants*.

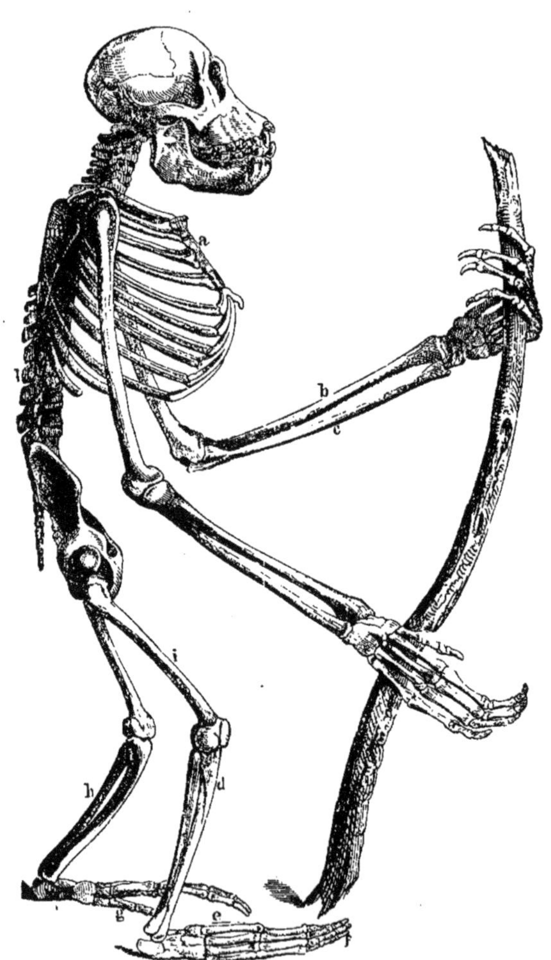

SQUELETTE DE GORILLE.

Citons les Cycadées, les Conifères, les Fougères, l'Amphioxus, l'Esturgeon, les Sélaciens, les Foraminifères, les Céphalopodes, l'Ornithorhynque, la Lépidosirène.

La somme des différences entre descendants au même degré d'un ancêtre commun, sera tantôt grande, tantôt moindre. De là, des genres, des familles, des espèces, qui n'expriment pas des degrés de consanguinité invariables.

Il est absolument inexact de dire que telle espèce vivante descend d'une autre également vivante ; par exemple, que les Singes anthropomorphes actuels sont nos ancêtres ; car nous savons que, d'après la théorie de l'évolution, Homme et Singes descendent d'un ancêtre commun, disparu depuis longtemps, quelque Prosimien asiatique sans doute. Le Gorille, l'Orang, le Chimpanzé et le Gibbon ne sont donc que nos cousins... fort éloignés.

CHIMPANSÉ.

INCENDIE D'UNE FORÊT.

9 782019 912321